全国中等职业教育水利类精品教材
全国农村水利技术人员培训教材

雨水利用技术与管理

主编 郑丽娟 汪宝会 郭鑫宇

中国水利水电出版社
www.waterpub.com.cn

内 容 提 要

本书是以雨水利用工程实践为基础，结合雨水利用技术的科研成果和实践经验，通过大量图表示例，系统介绍了雨水利用技术与工程实际。本书主要内容包括：概论、雨水集蓄利用、农村集雨工程技术、农村雨水净化存蓄管理、城市雨水利用与管理、屋面雨水收集利用、操场雨水收集利用、雨水入渗与屋顶绿化、硬化地面与道路雨水利用、雨水蓄存排放与回用管理、雨水利用工程实例等。

本书可供职业学校水利专业学生、从事雨水利用工程运行操作者以及广大工程技术人员技术培训使用。

图书在版编目（CIP）数据

雨水利用技术与管理 / 郑丽娟，汪宝会，郭鑫宇主编. -- 北京：中国水利水电出版社，2015.1
全国中等职业教育水利类精品教材　全国农村水利技术人员培训教材
ISBN 978-7-5170-2907-6

Ⅰ. ①雨… Ⅱ. ①郑… ②汪… ③郭… Ⅲ. ①雨水资源－水资源利用－中等专业学校－教材②雨水资源－水资源管理－中等专业学校－教材 Ⅳ. ①TV213

中国版本图书馆CIP数据核字(2015)第020863号

书　名	全国中等职业教育水利类精品教材 全国农村水利技术人员培训教材 **雨水利用技术与管理**	
作　者	主编　郑丽娟　汪宝会　郭鑫宇	
出版发行	中国水利水电出版社 （北京市海淀区玉渊潭南路1号D座　100038） 网址：www. waterpub. com. cn E - mail：sales@waterpub. com. cn 电话：（010）68367658（发行部）	
经　售	北京科水图书销售中心（零售） 电话：（010）88383994、63202643、68545874 全国各地新华书店和相关出版物销售网点	
排　版	中国水利水电出版社微机排版中心	
印　刷	北京市北中印刷厂	
规　格	184mm×260mm　16开本　10印张　237千字	
版　次	2015年1月第1版　2015年1月第1次印刷	
印　数	0001—3000册	
定　价	**24.00元**	

前　言

　　雨水作为水资源的总来源，形成了河川径流，补给了地下水，因此可以说雨水是最根本的水源。雨水收集能够调节用水与来水的矛盾。我国是具有悠久雨水利用历史的国家之一，有千年以上的雨水利用实践。20 世纪 80 年代后期国际兴起的雨水利用更是促进了雨水利用现代理念的形成和完善。

　　雨水利用实际上是一个含义广泛的词，从乡村到城市，农业、水电、园林、给排水、环境工程等多领域都有雨水利用的内容。我国的劳动人民在与干旱缺水抗争的长期实践中，在雨水利用上积累了丰富的经验，创造了水窖、水池等多种小型和微型蓄水工程，用于储存雨水，解决人畜饮水困难。实践经验证明雨水集蓄利用是山区实施可持续发展的一项战略性措施。

　　城市雨水利用是一种多目标的综合性技术。在城市范围内，有目的地采用各种措施对雨水资源进行保护和利用，主要包括收集、储存和净化后的直接利用；通过各种人工或自然渗透设施使雨水渗入地下，补充地下水资源；利用各种人工或自然池塘、湿地或低洼地对雨水径流实施调蓄、净化和利用，改善城市水环境和生态环境。本书编写过程中参考了"中德"合作雨洪利用研究成果和多本相关书籍。系统阐述了雨水集蓄利用组成、工艺流程及规划设计方法。其主要内容包括：概论、雨水集蓄利用、农村集雨工程技术、农村雨水净化存蓄管理、城市雨水利用与管理、屋面雨水收集利用、操场雨水收集利用、雨水入渗与屋顶绿化、硬化地面与道路雨水利用、雨水蓄存排放与回用管理、雨水利用工程实例等。

　　本书可供职业学校水利专业学生、从事雨水利用工程运行操作者以及广大工程技术人员技术培训使用。

　　限于编者水平有限，加之时间仓促，错误疏漏之处，恳请读者批评指正。

编　者

2014 年 12 月

目　录

第一章 概 论

第一节 雨水集蓄利用背景及发展状况

一、雨水集蓄利用背景

充分有效地利用雨水资源，不仅可以在很大程度上解决缺水问题，而且可以减少暴雨径流灾害，实现暴雨径流资源化，减少水土流失。发展雨水集蓄灌溉工程，保证在作物需水期进行灌水，能够大幅度提高其产品产量和质量，增加收益。因此，深入系统研究当地雨水集蓄是很有现实意义的。雨水作为一种自然资源，污染轻，处理容易，国际上受到广泛的关注，并在许多地方得到应用。

（一）开发利用雨水缓解水资源短缺

1. 水资源短缺迫使人们寻找可替代的水资源

社会经济的发展和人口增长，地表水与地下水污染，水资源的时空分配不均和周期性的干旱，迫使人们寻找可替代的水资源。雨水是一种就地利用而经济的水资源，但目前开发利用还很不够。

2. 暴雨时的洪涝灾害和旱季的严重缺水

随着城市的发展，由于没有健全的暴雨洪水时的汇集和调蓄设施，造成暴雨时的洪涝灾害和旱季缺水现象的发生。在城市化地区，由于人为因素的影响，不透水面积（比如屋顶、广场、道路）的比例不断增加，使得产流速度加快和产流量加大；并且由于排水管道和房子、道路的影响，径流方向也发生了改变，所以就很容易造成城市排水不畅，导致地面积水现象发生。山区农村地区，降雨量的减少、山坡生态环境的破坏和土层缺水的土壤松散，导致暴雨洪水时的水土流失甚至严重地区泥石流现象的发生。洪涝发生过后，雨洪排除造成雨水资源流失，近而加重水资源危机。由于没能很好调蓄雨洪、收集利用雨水，导致旱季缺水情势加重，研究开发利用雨洪资源是缓解水资源短缺的有效途径。

（二）雨水水质较好，经简单处理就可回用

1. 雨水水质状况好

雨水是轻污染水，水中有机污染物较少，溶解氧接近饱和，钙含量低，总硬度小，细菌和病毒的污染率低。对于生态环境良好的山区农村，雨水可回用于生活用水、田间节水或经沉沙、过滤处理后煮沸用于人畜饮水。城市雨水简单处理便可用于生活杂用水、工业用水。

2. 收集处理雨水回补地下水

有些地区地下水开采过度导致地下水水位下降，如能将降雨收集处理后回灌地下，就能对于暴雨洪水的水量起到调蓄作用，削减洪涝灾害，同时还能补充地下水。雨水的利用将缓解水资源的短缺，促进经济的可持续发展。

（三）收集雨水，减少农业用水，促进农业增产

我国北方地区多年平均降雨量不足600mm，且80％以上集中在汛期6—9月，与作物需水期严重错位。主要作物在4—6月的需水量占全年需水量的40％～60％，而同期降雨量却很少。大力发展小型雨水集蓄工程，集蓄天然雨水，发展节水灌溉是缺水地区农业和区域性经济发展的唯一出路，而且这项措施投资少、见效快，便于管理，适合于农村经济的发展水平，应该大力推广、全面普及。

（四）雨水分散式收集利用补充替代大型水利工程调蓄雨洪

面对日益干旱、水资源日趋紧张的局面，靠拦截地表径流（如修建水库）、开采地下水（打井）或跨流域调水等取水方式引起越来越多的生态环境问题，如造成土地资源的淹没，对文物及宝贵自然资源的影响，破坏生物多样性，水库还诱发地震等。充分开发利用雨水资源，因地制宜地建设分散集蓄雨水利用工程，不会造成淹没、移民等不利的环境影响，且又利于环境保护和可持续发展，因此雨水集蓄工程将是解决水资源短缺的重要途径。

二、雨水利用的发展状况

从19世纪末20世纪初开始，随着现代技术的兴起，先是地下水的开采在许多地方逐渐取代了雨水利用技术，接着以控制洪涝灾害、利用河川径流和开采地下水为目标的当代水利工程的修建，又为社会经济的发展，特别是农业的持续稳定增长，发挥了很大的作用，取得了巨大的效益。雨水利用渐渐被人们忽视。但是，人类社会经济的进一步发展，人口的不断增长，对有限的水资源提出了越来越高的要求，水资源的紧缺已成为许多地方制约经济发展的因素，同时，大型水利工程引起越来越多的生态环境问题也迫使人们思考和寻找其他出路。因此，近20年来，雨水利用又重新引起了人们的注意。雨水集蓄技术得到迅速发展，在一些多雨、年降水丰沛的国家也得到发展（如德国），雨水回用的范围从生活用水向城市用水和农业用水发展。

（一）山区雨水利用发展状况

山区雨水集蓄利用长期以来，群众就有集蓄雨水，解决人畜饮水困难的做法。从20世纪80年代末期开始，随着节水灌溉理论、技术、设备的广泛推广应用，群众将传统的雨水集蓄工程与节水灌溉措施结合起来，实施雨水集蓄节灌工程，发展农业生产，经历了试验研究、试点示范、推广应用等阶段。各级政府和广大群众对雨水集蓄利用的认识进一步提高，工程建设开始从零散型向集中连片发展，"人均半亩到一亩基本农田""一园一窖"成为广大群众奋斗的目标。

集雨工程的形式多种多样，既有小口井，也有集雨池，还有较大的集雨场；既有利用天上降雨，也有利用小泉、小河引水。根据调查的情况看，集雨工程形式主要有以下几种。

（1）窑、窖、旱井。主要利用路面、广场、屋顶、庭院、坡面集流。农用以路面集流为主，人饮以屋顶、晒场为主，牧区以坡面集流为主。

（2）截潜流工程。有沟、河的地方，如河床为砂床或砂卵石床，则搞截潜流工程。在砂床边打截潜流大口井，在砂卵石河床上修建空心廊道的截潜流坝，截流水量较大。

（3）截地面水工程。如采用人字闸、翻板闸等拦蓄河、沟的小泉小水。人字闸节灌工程是以钢筋混凝土为结构的人字固定支架和活动闸板组成的蓄水闸门，以流域为单元合理布局，配合高位水池和管道或自流渠道进行灌溉。其典型特点是平时蓄积清洁的小泉小水，在汛期打开闸板，排洪清淤，工程投资小、建设周期短，利用方便。

（二）城市雨水利用发展状况

北京、上海、大连等许多城市相继开展雨水利用探索与研究。由于缺水形势严峻，北京的步伐较快。2001年国务院批准了包括雨洪利用规划内容的《21世纪初期首都水资源可持续利用规划》，北京建筑工程学院和北京城市节水办公室从1998年开始立项研究，北京市水利局和德国埃森大学的示范小区雨水利用合作项目也于2000年开始启动，北京市政设计院开始立项编制雨水利用设计指南，北京市政府66号令（2000年12月1日）中也明确要求开展市区的雨水利用工程。因此，北京城市雨水利用成为我国城市雨水利用技术龙头，并带动整个领域的发展，随着水管理体制和水价的科学化、市场化，将实现城市雨水利用的标准化和产业化。

我国许多建筑物已建有完善的雨水收集系统。浦东国际机场航站楼已经建有完善的雨水收集系统用来收集航站楼屋面雨水，航站楼屋面各组成部分的水平投影面积综合达$176150m^2$，在暴雨季节收集雨量为$500m^3/h$。如果这些雨量能被有效地处理和加以利用，比处理轻污染的生活污水更经济、简便易行。而类似的国际会展中心、国际机场等，在国内基本上拥有完善的雨水收集系统。

三、雨水利用的应用前景

我国是水资源短缺的国家，干旱缺水已成为制约首都经济发展的瓶颈。严重缺水的山区、高原地区收集雨水是解决人畜饮水的有效途径，雨水水质有待净化和改善。对于城市雨水，如果能将雨水进行有效的收集和处理，用作生活杂用水、景观用水，要比回用生活污水更便宜，且工艺流程简单，水质更可靠，细菌和病毒的污染率低，出水的公众可接受性强。我国有些地区地下水开采过度导致地下水水位下降，如能将雨水收集处理后回注地下，就能对于暴雨洪水的水量起到调蓄作用，削减洪涝灾害，同时还能补充地下水。雨水的利用将缓解水资源的短缺，促进当地经济的可持续发展，因此雨水集蓄工程技术的发展前景十分广阔。

第二节　国内外雨水利用状况

国内外雨水集蓄技术的应用概括起来可分为两方面，即在生活方面的应用和农业灌溉方面的应用。全球除南极洲以外的六大洲都有收集雨水解决生活用水的例子，其中发达国家如日本、澳大利亚、加拿大、美国、德国等，发展中国家如泰国、印度、尼泊尔、巴西、墨西哥及哥伦比亚等，都在发展这一技术，这些地区的年降雨量为200～3200mm不等，其集蓄雨水的目的主要是解决包括城市和农村在内的生活用水。日本是在城市中开展雨水利用规模最大的国家，所集蓄的雨水主要用于冲洗厕所、浇灌草坪，也用于消防和发生灾害时应急使用。美国从20世纪80年代初就开始研究用屋顶雨水集流系统解决家庭供水问题，1983—1993 年，美国国际开发署资助了一项面向全球的雨水收集集流系统计划，以后又建立了雨水收集信息中心和一个通讯网。

一、国外雨水利用

1. 早期国外雨水利用

雨水利用是一项被广泛应用的传统技术。有关资料记载，雨水利用可追溯到公元前 6000 多年的阿滋泰克和玛雅文化时期，那时人们已把雨水用于农业生产和生活所需。在哥伦比亚、厄瓜多尔、苏里南沿海和秘鲁南部高原，3000 多年前的村居就成功地利用不同地形修筑台地种植玉米，在沟底种植水稻。公元前 2000 多年的中东地区，典型的中产阶级家庭都有雨水收集系统用于生活和灌溉。阿拉伯人收集雨水，种植了无花果、橄榄树、葡萄、大麦等，利比亚人用堤坝、涵管把高原上的水引至谷底使用，埃及人用集流槽收集雨水作为生活之用。2000 年前，阿拉伯闪米特部族的纳巴泰人在降雨仅 100 余 mm 的内盖夫沙漠创造了径流收集系统，利用极少量的雨水种出了庄稼，后人称之为纳巴泰方法。雨水利用曾经有力地促进了世界上许多地方古代文明的发展。

2. 现代国外雨水利用

(1) 农村雨水利用。20 世纪 70 年代从卫星照片上发现了埃及北部的径流收集系统和非洲撒哈拉东南部存在的集水灌溉系统。在印度西部的塔尔沙漠，人们通过水池、石堤、水坝、水窖等多种形式收集雨水，来支撑世界上人口最稠密的沙漠（60 人/km²）。

在农村利用雨水规模最大的是泰国，20 世纪 80 年代以来开展的"泰缸"（Tai jar）工程，建造了 1200 多万个 2m³ 的家庭集流水泥水缸，解决了 300 多万农村人口的吃水问题。家庭集雨水缸如图 1-1 所示。

图 1-1　家庭集雨水缸

澳大利亚在农村及城市郊区的房屋旁，普遍建造了用波纹钢板制作的圆形水仓，收集来自屋顶的雨水。在非洲肯尼亚的许多地方，联合国开发署和世行的农村供水和卫生项目把雨水存储罐作为项目的一个重要内容。这种技术后来传到博茨瓦纳、纳米比亚、坦桑尼亚等地，带动了非洲雨水集蓄工程的发展。在拉丁美洲的墨西哥和巴西，雨水利用也开展得比较普遍：墨西哥的 Chiapas 高原有较完善的雨水收集系统，由铝制屋顶、梯形地下水池、过滤池、水泵等组成；巴西东北部靠近赤道的半干旱带 Petrolina 地区，在加拿大等国际组织的资助下，贫苦居民修建了用铁丝网水泥、预制混凝土板、石灰衬砌和砖砌的储水罐，数量达 2000 多个。

雨水集蓄技术在农业生产上的应用是国际发展的趋势。20 世纪中叶以来，国外兴起了对径流农业（Run off Agriculture）的研究和实践。以色列政府制定了为期 30 年的庞大的径流农业计划，在内盖夫地区建立可持续发展的农业生态系统。径流农业是指对降雨产生的径流进行收集、储存和利用，从而发展农业生产。巴西的 Petrolina 地区进行了利用田间土垄富集雨水的试验和示范，对比试验表明，此种措施可使作物增产 17%～58%。印度许多省份采取修建小型水池、塘坝、谷坊等拦蓄雨水，进行灌溉。墨西哥采用淤地坝、谷坊等来收集储存雨水。肯尼亚的莱基皮亚（Laikipia）地区示范项目在年雨量 600mm 的情况下，资助居民修建容积为 100m³ 的地下水池，收集铁皮屋顶雨水，其中 25m³ 用于家庭生活及牲畜饮水，75m³ 用于灌溉庭院，项目收到很好效果。

修整梯田、台地、水平沟等，可以有效拦截雨水，增加土壤含水量。在河谷中修筑梯田，或者修建小水坝、堰，把土地截成小块，可以拦蓄引过来的雨洪。这些在中东和北非有着广泛的应用。伊朗北部阿塞拜疆省在年降水 250mm 的条件下，修建水平沟和台地，植树种草，增加植被，取得了一定效果；在布基纳法索试验了一种用植物障碍拦截雨洪的方法，可以增加在障碍前后的土壤含水量，由于植物障碍的透水性，又不至于造成上游被水淹没。

（2）城市雨水利用。现代意义上的雨水利用，尤其是城市雨水的利用是从 20 世纪 80 年代始发展起来的。它主要是随着城市化带来的水资源紧缺和环境与生态问题而引起人们的重视。许多国家开展了相关的研究并建成一批不同规模的示范工程。在此基础上，城市雨水的利用首先在发达国家逐步进入到标准化和产业化的阶段。1982 年 6 月在美国夏威夷召开了第一届雨水集流利用国际会议，成立了国际雨水集流系统协会，亚洲的尼泊尔、菲律宾、印度、泰国，非洲的肯尼亚、博茨瓦纳、坦桑尼亚等发展中国家，以及日本、澳大利亚、美国、新加坡、法国等发达国家，都采用了各种技术开发和利用雨水。1995 年 6 月在中国北京召开了第七届雨水集流系统协会，进一步推动了雨水的开发利用。一些发达国家如雨量丰沛的日本，在城市屋顶修建雨水浇灌的"空中花园"。目前，运用先进的工艺处理，水的重复利用率可达到 70% 以上。美国、加拿大、日本等国都曾提出零排放（即密闭循环）的目标。

1989 年德国就出台了雨水利用设施标准，对住宅、商业和工业领域雨水利用设施的设计、施工和运行管理，过滤，储存，控制与监测 4 个方面制定了标准。到 1992 年已出现"第二代"雨水利用技术。又经过近 10 年的发展与完善，"第三代"雨水利用技术的新标准出台。德国"第三代"雨水利用技术的特征就是设备的集成化，包括屋面雨水的收集、截污、储存、过滤、渗透、提升、回用、控制都有一系列的定型产品和组装式成套设备。值得一提的是德国污水联合会和 1995 年成立的非营利的雨水利用专业协会在管理城市雨水的排放和处理，组织协调雨水利用技术的研究开发，制定相关的技术指南、法规、政策，以及促进雨水利用的规范化、标准化和产业化方面起到了非常积极的作用，使德国的城市雨水利用技术几年上一个台阶，这一经验很值得我国借鉴。

日本的建筑师还设计建造出集太阳能和雨水利用为一体的花园式生态型建筑，这也代表建筑界的一个新方向。

在国外，尤其是欧美等国家和日本，对透水性混凝土路面也做过大量的研究，取得了许多研究成果，并已应用于各种实际工程中，收到了很多的生态环境效益。20世纪70年代后半期，日本为解决因抽取地下水而引起的地基下沉等问题，开始采取"雨水的地下还原"对策，同时开发了以使用透水性路面材料为主的沥青混合料透水性路面，大多用于步行道、停车场或轻型车辆道路。

雨水资源化和雨水的收集利用已有几十年的历史。在欧洲和一些非洲国家，对雨水进行收集利用使之资源化可以有效减轻市政供水压力，对我国一些城市很有借鉴意义。

二、国内雨水利用

1. 早期国内雨水利用

（1）北海团城。北海团城雨水利用工程已有800年历史，团城总面积是5760m²，地面高出周围地面4.6m，由青砖铺装，但城内众多的古树却生长了几百年，最大树龄已高达800余年，仍枝繁叶茂。究其原因关键是城内有独特的雨水排放利用系统。

团城是一个孤立、封闭的单元，地面高出北海湖水水面5.64m，因此，古树生长所需的水分很难从地下水得到补给，只有靠天然降水。地面采用干铺倒梯形青砖和深埋渗排涵洞等方法，十分有效地利用了雨水，如图1-2和图1-3所示。近期北京的二环、三环路改造的绿地用水建设已采用了北海团城的雨水利用技术。这项技术将对收集天然雨水和节水浇灌绿地起到巨大的推进作用。

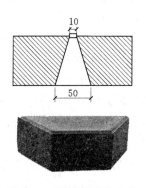

图1-2 干铺倒梯形青砖

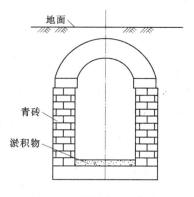

图1-3 团城的地下涵洞

团城地面的青砖是上大下小，成倒梯形，砖与砖之间没有用灰浆勾缝，砖内多气孔，吸水性强。城内地面布置的9个石板雨水口均与地下涵洞相通，而涵洞用砖也是渗透性极强的，这样既可以在雨天收集雨水，又可以涵养雨水，在干旱时向周围土壤中渗水，冬天还能起到提高土壤温度的作用。

（2）坎儿井。在我国新疆和中亚一些干旱地区，还有一种叫坎儿井的灌溉设施。坎儿井与万里长城、京杭大运河并称为中国古代三大工程。吐鲁番的坎儿井总数近千条，全长约5000km。吐鲁番盆地北部的博格达山和西部的喀拉乌成山，春夏时节有大量积雪和雨水流下山谷，潜入戈壁滩下。人们利用山的坡度，巧妙地创造了坎儿井，引地下潜流灌溉农田。坎儿井结构如图1-4所示。

（3）生态园林——苏州拙政园。在古代的一些园林建筑中也充分体现出对雨水的巧妙利用。苏州拙政园的地面或是采用废弃石材拼组铺设，体现着"一物多用，以尽量减少产生建筑废物"的思想；或是采用"人字形""一字形"的古砖面铺设，如图1-5所示。其一有着丰富的文化内涵，寓意着行走时"一路平安"，行走者是"人上之人"；其二功能性强，在苏州这样多雨的地方，即使下再大的雨，雨水也会顺着砖缝很快下渗，保证了地面不会积水打滑；其三是雨水的地下储存直接有利于园内植物的灌溉，充分体现了"雨天不湿脚，绿地不用浇"的高水平雨水资源利用方式。

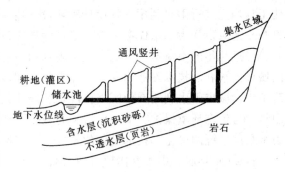

图1-4　坎儿井结构示意图

图1-5　拙政园透水性地面铺装

　　雨水集蓄利用技术在我国有很久的历史。秦汉时期，在汉水流域的丘陵地区还修建了串联式塘群，对雨水进行拦蓄与调节。我国西北干旱半干旱地区通过长期的生产实践，创造了许多雨水集蓄利用技术，对当地农业的发展发挥了十分重要的作用。

　　2. 现代国内雨水利用

　　随着城市的发展，不透水地面面积不断增加，雨水径流量也相应增加。雨水是宝贵水资源，应通过渗透等方式充分利用雨水以涵养地下水、调节城市生态环境，剩余径流可通过雨水管道安全、合理地排除。

　　北京由于缺水形势严峻，城市雨水利用的研究和应用都发展非常迅速。1998年北京市城市节约用水办公室和北京建筑工程学院联合开展城市雨水利用的研究。从城市雨水水质、雨水收集利用方案及与中水系统的关系、雨水的渗透方案及渗透装置、雨水的污染控制及净化措施、雨水利用与小区生态环境等诸多方面进行系统研究。目前重点是对工程应用进行系统地总结，开发更多的实用装置和设备，为大规模推广应用提供必要的技术支持。

　　北京市水利局和德国埃森大学的"城市雨洪控制与利用"示范小区雨水利用合作项目于2000年开始启动，总投资6000万元，于2004年年底完成。2001年国务院批准了包括雨洪利用规划内容的《21世纪初期首都水资源可持续利用规划》。北京市政府66号令（2000年12月1日）中明确要求开展市区的雨水利用工程，在2008奥林匹克场馆建设中也采纳雨水利用技术。

　　2003年3月北京市规划委员会和水利局联合发布经市政府批复的《关于加强建设工程用地内雨水资源利用的暂行规定》。明确规定："凡在本市行政区域内的新建、改建、扩建工程均应进行雨水利用工程设计和建设。建设工程的附属设施应与雨水利用工程结合。景观水池应设计为雨水储存设施，草坪绿地应设计建设为雨水滞留设施。"

　　经过几年的不懈努力，北京城市雨水利用已进入实质性的实施推广阶段，成为带动我国城市雨水利用技术发展的龙头。随着水管理体制和水价的科学化、市场化，通过一批示范工程，城市雨水利用有望实现标准化和产业化。随着雨水利用技术的发展，城市雨水利用将走与生态环境保护、水土保持和与城市可持续发展相结合的发展道路。今后的重点是雨水利用系统的优化、技术设备的集成、规范标准化和科学的管理。

　　自 2000 年起，中德合作项目中的双紫园小区、北京水利水电学校等示范区采用的是将屋顶和道路雨水径流分别集蓄，用于灌溉小区绿地和将部分道路建成透水性混凝土路面的雨水利用模式。经一个雨季的试验结果表明，效果是显著的，尤其是透水性混凝土路面效果更为突出。

　　综上所述，雨水利用技术研究在国内外都取得了可喜的进展。

第三节　国外雨水收集利用实例

一、伦敦世纪圆顶的雨水收集利用系统

　　泰晤士河水公司为了研究不同规模的水循环方案，设计了英国 2000 年的展示建筑——世纪圆顶示范工程。在该建筑物内每天回收 $500m^3$ 水用以冲洗该建筑物内的厕所，其中 $100m^3$ 为从屋顶收集的雨水。

　　从面积相当于 12 个足球场大小的 10 万 m^2 的圆顶盖上收集来的雨水，经过 24 个专门设置的汇水斗进入地表水排放管中，初降雨水含有从圆顶上冲刷下的污染物，通过地表水排放管道直接排入泰晤士河。由于储存容积有限，收集的雨水量仅 $100m^3/d$，多余的雨水排入泰晤士河。

　　收集的雨水在芦苇床中处理，这是污水三级处理中常用的一种自然处理方法。收集的雨水质量较好，在抽送至第一级芦苇床之前只需要预过滤，其处理过程需要两个芦苇床（每个的表面积为 $250m^2$）、一个塘（其容积为 $300m^3$）。选用了具有高度耐盐性能的芦苇（种植密度为 4 株/m^2）。芦苇床很容易纳入圆顶的景观点设计中，这是一个很好的生态主题。雨水在芦苇床中通过多种过程进行净化：在芦苇根区的天然细菌降解雨水中的有机物，芦苇本身吸收雨水中的营养物质，床中的砾石、砂粒和芦苇的根系起过滤系统的作用。

二、柏林的雨水收集

　　公共雨水管收集的雨水经过简单的处理后，达到杂用水水质标准，便可用于街区公寓的厕所冲洗和浇洒庭院。

　　位于德国柏林的公寓始建于 20 世纪 50 年代，经过改建扩建，居民人数迅速增加，屋顶面积仅有少量增加。通过采用新的卫生原则，并有效地同雨水收集相结合，实现了雨水的最大收集。

　　从屋顶、周围街道、停车场和通道收集的雨水通过独立的雨水管道进入地下储水池（储水池容积 $160m^3$），经几个简单的处理步骤后，用于冲厕所和浇洒庭院。该项目的详细

数据资料见表 1-1。按照 10 年进行预测，利用雨水每年可节省 2430m³ 饮用水。

表 1-1 柏林——雨水回收利用项目数据

项 目	数 据
投产（试运行）	1999 年 5 月
供应雨水的公寓数目 [2～3 人，35L/(d·人)]/户	80
全年饮用水节省/m³	2430
浇洒租用的庭院面积/m²	1100
平均年降水量/mm	774
降水利用率（根据储水池的体积）/%	58
屋顶面积（停留因数 1.3mm）/m²	7000
停车场面积（停留因数 3.5mm）/m²	2000
道路和人行道（停留因数 2.6mm）/m²	2200
储水池的缓冲体积/m³	160
公共雨水管直径/mm	400
每天储存水可利用体积/m³	6

注 供应雨水的公寓数目为 80 户，每户 2～3 人，每人每天用雨水 35L。

三、尼日利亚的雨水收集

在尼日利亚的缺水地区，雨水是唯一的水源。为了将雨水收集作为饮用水水源，对于来自不同屋顶材料的现场收集的雨水水质进行了分析测试，其不同来源雨水的物理化学性质见表 1-2。

表 1-2 不同来源的雨水的物理化学性质

项 目	数 据
水样温度/℃	26～28.5
pH 值	7.02～7.45
溶解氧/(mg/L)	8.27～8.71
氨氮/(mg/L)	0.01～0.02
硝酸盐氮/(mg/L)	0.1～6.98
亚硝酸盐氮/(mg/L)	0.02～0.05
浊度/NTU	0.25～0.43
嗅味	未检出
色度/倍	5～20
磷/(mg/L)	0.056～0.082（平均 0.069）
氯/(mg/L)	0.057～0.329
COD	很低
铁/(mg/L)	0.02～0.16
钙/(mg/L)	1.78

项 目	数 据
硫/(mg/L)	1.98
硬度/(mg/L)	1.98（以 $CaCO_3$ 计）
钾/(mg/L)	0.017～0.09
钠/(mg/L)	0.019～0.077
异氧菌和丝状真菌/(cfu/mL)	$7.6×10^3$ 和 $4.0×10^2$
大肠杆菌总数/(cfu/mL)	一般小于 3（最大值 40）

从表中数据可以看出，水质的化学需氧量较低，溶解氧接近饱和浓度，几乎没有有机污染物，其他指标也优于可回用的生活污水的水质。

四、丹麦的雨水利用

丹麦 98％以上的供水来自地下水。丹麦土地面积 43000km^2，由四部分组成：Zealand岛、Funen，Bornholm 和 Jutland 半岛。年平均降雨量从西南部的 900mm 到东部的500mm，可利用量是年平均降雨量的 30％～50％，其余的或者渗入地下形成地下水或者径流进入小溪、河流和湖泊。但是由于目前的取水（或可持续取水）的比率除了在哥本哈根市周围的地区外，都小于 1，一些地区的含水层已经被过度开采。为此在丹麦开始寻找可替代的水源，以减少地下水的消耗。

在城市地区从屋顶收集雨水，收集后的雨水经过收集管底部的预过滤设备，进入贮水池进行储存，使用时利用泵经进水口的浮筒式过滤器过滤后，用于冲洗厕所和洗衣服。

全年系统的水量平衡以 75m^2 的屋顶和 3 个人进行计算。以年降雨量平均为 600mm为例（全年降雨量是不均匀分布的），7 个月的降雨（7 月至次年 1 月）就足以满足冲洗厕所的用水。而洗衣服的需水量仅 4 个月就可以满足。

从丹麦屋顶收集的最大年降雨量为 2290 万 m^3，相当于目前饮用水生产总量的 24％。每年能从居民屋顶收集 645 万 m^3 的雨水，如果用于冲洗厕所和洗衣服，将占居民冲洗厕所和洗衣服实际用水量的 68％，相当于居民总用水量的 22％，占市政总饮用水产量的 7％。

第四节 城市化与城市水文

一、城市化对城市水文的影响

随着城市的发展，城市基础设施和服务业根据经济发展水平而改变。城市化引起的不透水面积的增大，对集水区的水文条件形成了一系列重要影响。

（1）由于不透水表面和密实地表的增加，减少了土壤吸收水分的能力，从而减少了集水区地表的入渗能力。

（2）由于城市不透水地表比天然地表"光滑"许多，从而减少了地表对雨水的滞蓄能力。

（3）由于土壤天然滞蓄能力的降低，导致蒸腾量减少，从而引起植物截留水量的减少。

这些因素的综合作用导致天然雨水吸纳量的减少，从而使城市集水区径流量增加，这表现在：径流流速、径流总量（即降雨变为径流的部分）、流量和峰值。

图1-6中径流过程线显示：城市化引起的雨水吸纳量的减少，使雨洪过程呈现暴涨形式，从而常常引起雨洪排水系统的水力过载，导致洪灾的发生。

二、气候因素对城市雨水径流的影响

集水区的自然特征对径流有影响，其他影响径流的主要因素是气候，特别是降雨强度和时间。热带和亚热带气候区，降雨呈显著季节性变化特征，有十分明显的雨季，年降雨比较集中。这些地区的降雨通常是对流雨，降雨历时短，雨强大，在极端暴雨的情况下，有时会超过100mm/h，因为汇流时间短，峰值雨强常常会引起洪水，对城市排水系统设计有很大影响。例如，2004—2008年5年间北京共发生大于70mm/h降雨次数为31次，洪水对不同地区造成了积水影响。

其他气候因素，如风和温度等也会影响城市排水工程的规模和特性。大规模的城市化影响城市小气候，这反过来又会影响降雨分布。科学研究发现，气候变化将引起全球降雨形式的改变，从而增加降雨强度，导致雨洪泛滥。

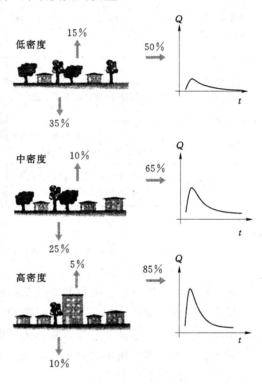

图1-6 城市化对城市雨洪径流模式的影响

三、城市雨水径流对环境的影响

城市化在造成城市洪水的频率和大小增加的同时，还会导致城市河流和其他受纳水体的污染，具体环境影响见表1-3。在雨期，雨洪冲洗城市地表和排水沟渠，引起严重的污染问题。因此，径流的水质受诸多因素影响，包括土地利用、废物处理和卫生设施。另外，高强度降雨会产生十分严重的土壤侵蚀，径流中悬浮性固体浓度会很高。

表1-3　在受纳水体中的城市雨洪径流污染物产生的环境影响

污染物	来源	环境影响
耗氧物质	植物、粪便和其他有机物	消耗溶解氧的浓度，导致水生植物和动物的死亡，从而改变水环境中的物种组成，在厌氧条件下产生臭气和毒气
氮和磷的无机化合物	化肥，洗涤剂，植物、动物和人的尿液	在高浓度时，氨和硝化物是有毒的，含氮有机微生物的硝化过程会消耗溶解氧，富营养化引起杂草和水藻的滋生，遮挡阳光，从而影响光合作用，引起耗氧过多

污染物	来 源	环 境 影 响
原油、油脂和汽油	道路、停车场、修理站和加油站、工厂以及食品加工制作过程中的植物油	污染饮用水，影响娱乐用水，降低水面上氧的转化，致癌物会引起肿瘤和某些鱼类的变种
重金属、杀虫剂、除草剂和烃类	工业和商业区，垃圾填埋场的渗液	对水生有机物有毒副作用，在食物链中的累积会损害饮用水源和人体健康，许多有毒物质会累积沉淀在河流和湖泊中
悬浮固体沉淀和溶解物质	建筑工地、裸露土地、街区径流和河岸冲刷造成土壤流失	沉淀微粒传输附着在其表面的其他污染物，沉淀物影响光合作用、植物的呼吸、生长和繁殖，淤积后的沉淀物会减少传输到底层的氧气量
高水温	径流通过不透水表面（沥青、混凝土等）引起水温升高	减少水体储存溶解氧的能力，影响某些对温度敏感的水生物种
垃圾和废弃物	家庭和商业废弃物，建筑废弃物以及各类植物	阻碍和约束排水沟渠畅通，影响美观，降低娱乐效果

第五节　城市雨洪管理

一、城市洪灾的成因、类型及其造成的影响

　　城市化进程的加快，相应不透水面积的增加以及降雨特征的影响，造成城市洪水发生的频率增加。然而，尽管洪灾常常是由大规模的暴雨引起灾害所造成的，但也常常存在较小的洪灾，导致更多的局部区域排水问题。城市洪灾的成因如图 1-7 所示，洪灾类型、特征及其造成的影响见表 1-4。

二、洪灾对社会的影响

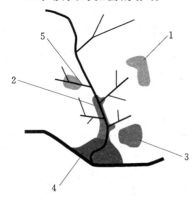

图 1-7　城市洪灾的成因
1—缺乏排水基础设施；2—下游水位回升形成的回水区；3—低洼地的洪灾；4—河流水位升高形成的淹没区；5—排水系统阻塞

　　1. 洪灾对社会和经济的影响

　　洪灾会对城市生活、基础公用服务设施以及公交系统等方方面面产生影响。洪灾的自然影响包括财产损失、基础设施损失和建筑物内其他物品的损失。洪灾可引起抽水泵站的故障和损坏，造成供水系统的破坏，导致饮用水的损失和浪费，洪灾还会引起其他基础设施和市政服务设施的损坏和受损，例如电力系统和废物处理系统。

　　2. 洪灾和排水对健康卫生的影响

　　与洪灾有关的健康卫生问题很难去量化衡量，这不像洪灾造成的自然影响问题。但是，这些问题对城市居民的日常生活有重大影响，这些健康卫生问题包括呼吸道疾病（如咳嗽、气喘以及支气管炎），这都是由排水不畅造成居所长期潮湿发霉所引起的，另外，还会发生一些其他水生疾病。

表 1－4　　　　　　　　　　　　洪灾类型、特征及其造成的影响

洪灾类型	特征及其造成的影响
小洪灾	由于没有或缺乏排水基础设施，不能及时排除降雨径流，频繁发生区域洪灾。这类洪灾的主要影响是，导致环境卫生条件恶化，极易发生水生疾病，由于潮湿和积水会逐渐引起建筑物腐朽、坍塌
中等洪灾	这类洪灾比小洪灾发生频率要低，但影响范围较大。其造成的影响包括交通系统暂时毁坏，造成城市生活不便，以及小洪灾所述及的所有问题。这类洪灾还会引起泥沙侵蚀，导致受纳水体的污染，助长水生疾病的传播，引起建筑物的毁坏（但不如大洪灾造成的破坏严重）
大洪灾	大规模的洪灾（每年大约发生 1～2 次）可以导致影响社区和商业活动的大范围毁坏，可能会产生水土侵蚀和陡坡土体失稳，威胁到房屋和其他建筑物的安全，可能会影响到一系列的城市基础设施，如给水系统和电力系统。这些影响可能会造成巨大的经济损失，从大洪灾恢复到正常需许多天或几周的时间
特大洪灾	特大洪灾不常发生（几年一遇或频率更低）。会导致较长时间的淹没。其影响是灾难性的，可能会发生生命损失，尤其在不稳定的陡坡，易于产生滑坡。由于其影响规模大且有建筑物破坏，常常被登在国际媒体的头条位置。因为特大洪灾恢复需要较长时间，对缺乏自救和恢复能力的人群而言，其影响是毁灭性的

城市地表径流本身含有很少病原体，可是，如果径流中混有下水道、化粪池、垃圾填埋坑的废水和粪便污泥时，它将向周围环境散布传播病原体，其传播水生疾病的风险会急剧增大。因此，在雨期的健康卫生问题通常更为突出，它与排水不畅造成的卫生和环境健康条件直接相关。

三、城市雨洪综合管理

我国城市雨洪管理战略的短期、中期和长期目标见表 1－5。短期目标，首先要考虑径流控制、洪灾保护以及减轻污染措施；中期目标主要是研发和执行水质改善、水资源保护以及维护天然流域的水文条件等方面的措施和策略；长期目标，则更为强调自然资源保护，强调水在城市环境娱乐方面的亲和价值，强调要增强环境意识。这些附加的目标要求拓宽城市排水系统规划设计的传统方法，建造多用途的排水系统，要将现存的天然排水沟渠、小溪、河流等与动植物栖息生长地保护以及娱乐功能等相结合。

表 1－5　　　　　　　　　　　　雨洪管理战略目标

	短 期 目 标
洪灾保护	降低洪灾的发生几率，减少洪灾的影响范围，防止房屋财产和基础设施的结构破坏，减缓洪灾危害，使其对人类的干扰和其他风险降低到最小
环境卫生保护	减轻环境卫生条件恶化，消除死水，消除蚊生疾病的危险后果
控制土壤侵蚀和沉积	控制土壤侵蚀，降低山坡的不稳定性，减少建筑工地的土壤流失，从而减少下游的沉淀问题
	中 期 目 标
防止、控制和减轻污染	保持和提高受纳水生态系统的质量，通过减少进入水环境的污染物排泄量，以保护水质

中 期 目 标	
水资源保护	再生天然地表水（河流和湖泊），地下水回补，通过雨水收集提高水的重复利用
保持天然水文环境	减少对天然河溪的整治，保持天然排水沟道和洪泛区，还原天然水流状态，从而使雨洪径流水文过程恢复到类似开发前的状态
长 期 目 标	
人居舒适	将城市排水与风景设计相结合，采纳可持续发展的原则以创造更为健康的人居环境，修建以土地和水为基地的娱乐场所，达到业主的喜爱和满足
保护自然栖息	通过保护和恢复植物、动物的天然生长地，保护生物多样性
保护资源	在排水基础设施的建造和运行过程中，考虑使能耗和其他自然资源的消耗降低到最小

思 考 题

1. 说明雨水集蓄利用的意义。

2. 说明国外雨水收集利用实例中，收集水源、回用对象、处理规模及净化措施是什么？

3. 山区集雨利用的工程形式有哪些？

4. 雨水水质与生活污水水质状况有何不同？

5. 举例说明国内外雨水利用的发展状况。

6. 城市洪灾的成因有哪些？

第二章 雨水集蓄利用

第一节 雨水利用技术

雨水自空中降落到地面以后,主要以入渗、产流、蒸发等形式进行转化。雨水可以以入渗方式转化为土壤水供植物利用,也可以转化为径流并汇集进行利用,以缓解作物降雨时间与空间错位的矛盾,还可通过蒸发散失到大气中再参与水循环。由于对雨水的理解及划分的依据不同,就产生了不同的雨水利用类型。

一、按雨水利用用途和具体对象划分

按照雨水利用用途,可以将雨水利用分为雨水农业利用、生活利用、生态利用(包括城市雨水利用和回灌地下水等)。农业利用主要指利用雨水资源补充灌溉农田,实现粮食增产和稳产的过程;生活利用是指将雨水资源作为缺少淡水地区生活用水的部分或全部,满足人畜生活需要的过程;生态利用时指利用雨水资源增加林草面积,改善生态环境的过程以及城市雨水利用与回灌地下水等。

二、按雨水利用技术措施划分

不同的雨水利用方式所采取的技术措施不同,也就是说不同的技术措施的适宜条件不同。雨水利用技术分为工程技术、农业技术、生物技术、化学技术和综合技术等,见表2-1。

表2-1 雨水利用技术分类

技术分类	工程（技术）名称	利用目的	利用方式	利用时间
工程技术	梯田	农业	就地利用	即时利用
	水平阶	生态		
	鱼鳞坑			
	水平沟	农业、生态		
	沙田	农业		
	水窖	农业、生态、生活、其他	异地利用	延时利用
	塘坝、涝池等			
	居民庭院工程			
	集流面			
	建筑屋顶			
	道路			
	淤地坝	农业、生态	综合利用	综合利用

续表

技术分类	工程（技术）名称	利用目的	利用方式	利用时间
农业技术	等高耕作		就地利用	即时利用
	秸秆覆盖			
	地膜覆盖			
生物技术	植被（雨水利用）地面	农业、生态	综合利用	综合利用
	苔藓、地衣地面			
化学技术	保水剂		就地利用	即时利用
	抑制蒸发化学制剂			
	增加入渗化学制剂			
	减少入渗化学制剂		异地利用	
	水质保鲜净化制剂	生活		延时利用
综合技术	人工增雨	农业、生态、生活、其他	综合利用	综合利用
	雾气收集			

1. 工程技术

工程技术是在雨水利用过程中，通过工程手段，改变雨水资源的形成、输移及转化的雨水利用技术。主要有以下几种技术：

（1）增加雨水资源在地表停留时间或截断雨水在地表输移路径，如修筑梯田、水平阶、鱼鳞坑、水平沟、谷坊、淤地坝等。

（2）以改变雨水资源输移路径和输移条件增加地表径流汇集的，如输水渠道、市政工程、居民庭院工程、集流面、温室大棚以及类似建筑等。

（3）以储存雨水资源、抑制蒸发，调控雨水资源利用在时间上的分配，如修水窖、旱井、塘坝、涝池等。

2. 农业技术

应用农业耕作措施或者地面覆盖改变雨水输移及其转化过程的技术，称为雨水利用中的农业技术，主要有等高耕作技术、秸秆覆盖技术、地膜覆盖技术、等高种植技术等。等高耕作技术和等高种植技术能够增加雨水资源在地表的停留时间，并割断雨水资源的运移路线，实现雨水资源的就地利用和即时利用。秸秆覆盖技术以抑制蒸发为主要目的，能减缓雨水资源的蒸发速度，延长了雨水资源的利用时间。地膜覆盖技术可以在微小地形上汇集雨水资源，实现雨水资源的异地利用。这类技术几乎可以在任何类型的耕地上使用，适宜条件非常广泛，也是目前农业雨水利用中最主要和最普遍的技术。

3. 生物技术

生物技术主要是指以改变雨水资源运移和转化为唯一目标的林、草、地衣和苔藓等的技术。草皮、苔藓等植物不但可以集雨，提高自然坡面集流效率，避免混凝土面造价高的缺点，还同时具有防止土壤侵蚀和集蓄雨水的双重功能，从而改善了干旱地区的生态环境。应用生物技术建造的集流面可明显增加地表径流。

4. 化学技术

化学技术是应用化学材料和试剂，增加或减少入渗、抑制蒸发以及改变雨水资源水质的技术。

5. 综合技术

综合技术主要是指空中雨水利用技术，如人工增雨技术、空中雾气收集技术等。

第二节 雨水利用系统组成与规划

目前国内外雨水资源开发利用主要集中在人畜生活用水、集流补灌农业生产、生态环境用水及蓄雨回补地下水等几个方面。

一、雨水集蓄利用工程系统的组成

雨水集蓄利用工程系统一般由汇流集雨系统、雨水传输系统、净化系统、存储系统、回用系统等部分组成。

1. 汇流集雨系统

汇流集雨系统主要是指收集雨水的场地，按集雨方式可分为自然集雨场和人工集雨场。

自然集雨场主要是利用天然或其他已形成的集流效率高、渗透系数小、适宜就地集流的自然集流面集流，如村庄、房舍、庭院、道路等。

人工集雨场是指无可直接利用场地作为集流场的地方，而为集流专门修建人工场地。人工集流常用的集流防渗材料有混凝土、瓦（水泥瓦、机瓦、青瓦）、塑料薄膜、衬砌片（块）石、天然坡面夯实土等。

集雨场面积的大小要根据当地有效降水量、集雨面的集水性能（集流面材料不透水性能及集流面坡度）、水窖的容积、年水窖的重复利用率等因素确定。

2. 雨水传输系统

雨水传输系统是将集雨场的雨水引入沉沙池的输水沟（渠）或管道。输水管道埋入地下，多用于人口密集、水质易受污染的城市中。输水沟（渠）可在山区输水中应用，结合传输雨水，搞好渠旁绿化美化建设，又可起到景观效果，渠旁步路，移步景异。输水沟（渠）有土渠，由混凝土、砖砌、砌石或塑膜衬砌的小明渠，具体根据各地地形条件，防渗材料及经济条件等，因地制宜地进行布置。

3. 净化系统

在所收集的雨水进入雨水存储系统之前，须经过一定的沉淀过滤处理以去除雨水中的泥沙等杂质。常用的净化设施有沉沙池、过滤池、拦污栅等。

4. 存储系统

存储系统可分为蓄水池、水窖、水窑、旱井、涝池和塘坝等。

5. 回用系统

回用系统包括生活用水系统和田间节水系统。

生活用水系统方式可回用于浇花、灌溉菜田、冲厕所、冲洗路面、河道景观、人畜饮水等，包括提水设施、高位水池、输水管道、水净化设施等。

田间节水系统包括节水灌溉系统、农艺节水措施及雨养灌溉等。节水灌溉系统包括首部提水设备、输水管道、田间灌水器等，常用的田间节水灌溉形式有坐水种、膜下灌、喷滴灌等；田间农艺节水措施有地膜覆盖、选用抗旱品种等；雨养灌溉是采用台地等收集雨水方式适时灌水。

二、雨水集蓄利用工程规划

1. 基本资料收集与分析

为了根据具体情况因地制宜地做好雨水集蓄利用工程的规划，应先进行基本资料的收集，主要包括降水量、地形、庭院及屋面面积、集流面性质，以及人口、牲畜数、集雨补灌作物种类及面积，已建成的集雨蓄水设施规模等。

（1）降水资料。资料包括工程地点的多年平均、保证率为50％、75％及95％的年降雨量。工程地点附近有气象站或雨量站且资料年限不少于10年时，可收集实测资料并进行统计分析计算。当实测资料不具备或不充分时可根据当地降雨量等值线图进行查算。

（2）地形资料。一般可不要求地形图，但应有集流面、蓄水设施及灌溉土地之间的相对高差资料。

（3）集水面资料。对房屋屋面、庭院、计划作为集水面的公路、乡村道路、场院及天然坡面等投影面积进行量测。同时，对工程范围内已建的雨水集流面性质、面积、蓄水设施的种类、数量及容积进行调查。

（4）需水对象资料。对工程范围内的人口、大小牲畜数进行调查，并对今后10年内的发展数字作出预测。同时，对雨水集蓄利用工程灌溉作物种类、树种及其面积进行调查。

（5）其他资料。其他资料包括当地社会经济状况、建筑材料、道路交通、当地建筑材料的数量与分布地点等。

2. 集雨工程规划原则

各地的规划、选点基本应体现因地制宜、合理布局的准则，要点如下：

（1）雨水集蓄利用工程规划应首先了解规划区现有的水利设施状况、自然经济条件，并结合当地经济的发展规划，力求做到因地制宜、合理布局。

（2）雨水集蓄利用规划工程应集中连片，注重实效，避免重复建设。

（3）工程的规模与分布的数量、类型应根据规划区的水资源循环、补给与排泄条件、当地种植作物的需水量、需水关键时期及需要灌溉的面积等资料来确定，着重解决好作物的保苗水、保命水。

（4）蓄水工程选址要具备集水容易、引蓄方便的条件，按照少占耕地、安全可靠、来水充足、水质符合要求、经济合理的原则进行，同时还要考虑到管理方便和便于发展庭院经济的特点，优先选择在房前屋后的适宜位置。

（5）水源一般采用自然坡面、屋面集雨，有条件的地方最好能选择靠近泉水、引水渠、溪沟、道路边沟等便于引蓄天然径流的场所，如无引蓄天然径流条件的，需开辟新的集雨场，修建引洪沟引水。

选择水源的总原则应是：要具有能最大限度拦蓄地面、屋面、路面和场院径流、引蓄泉水及为其他水利工程提供补充水量的条件。集雨面积的大小应根据当地径流的特点及水窖（水池、水柜、水塘等）的容积来确定。对于集流效率较低的下垫面可采取人工措施，减少地面入渗，保证在需水前的雨季使各水窖能基本蓄满水。

（6）地质条件方面，应避开滑坡体、高边坡和泥石流危害地段，基础宜选在坚实土层或完整的岩基之上；不能建在地下水出露的地方，以免承压水的扬压力对水池底板造成破坏。

（7）在地形的选择方面，田间地头的小水窖宜选在地形陡峭的坡脚平台处，封闭式（地埋式）蓄水工程宜选在离用水位置稍高的山坡或台地上，尽可能不占用耕地。

3. 集雨工程规划内容

（1）基本情况分析，降雨资源、地形地貌及集流面状况、社会经济条件。

（2）可行性论证，规划目标及建设集雨利用工程的必要性和可行性分析。

（3）需水分析，人畜饮用水、发展庭院经济及大田节水灌溉需水量分析。

（4）集流面确定，在水量供需平衡的基础上，选择各类集流面并确定相应的面积。

（5）蓄水工程规划，蓄水工程类型、数量及蓄水量。

（6）供水及灌溉工程规划，灌溉方式选择及规划。

（7）工程建设费用与国家、地方和群众投入分析以及工程效益分析。

（8）实施措施，雨水集蓄利用工程规划还应对工程地点选择、工程布置做出具体规划。

第三节　雨水集蓄计算分析

一、可行性及必要性分析

1. 可行性分析

雨水在实际利用时要受到许多因素的制约，如气候条件、降雨季节的分配等自然情况。雨水利用时应进行降水规律分析，确定雨水利用标准。下面以北京水利水电学校分析雨水规律为例。选用北京东郊高碑店和通州水文站长系列资料进行降水频率及相关分析，详见表 2-2。两站之间地区，多年平均年降水 563mm。降水的特点是年际、年内雨量分布不均，年际间变化较大，丰水年 788mm（10 年一遇），枯水年 371mm（10 年一遇）；年内的降水量多集中在 6—9 月，占全年降水量的 82%，7、8 两个月降水量约占年降水量的 62%。

表 2-2　　　　　　　　　校园降水特征值

项　目		多年平均降水量	变差系数 C_v	偏态系数 $C_s=n$ C_v	2 年一遇 50%		5 年一遇 20%		10 年一遇 10%	
					雨量 /mm	雨强 /[L/(s·hm²)]	雨量 /mm	雨强 /[L/(s·hm²)]	雨量 /mm	雨强 /[L/(s·hm²)]
短历时	5min				11.67	388.9	17.66	588.6	21.34	711.2
	10min				14.57	242.7	22.43	373.8	27.46	457.6
	30min				20.70	115.0	32.77	182.0	40.96	227.5
最大 1 日		91.6	0.65	3.5	71.4		167.6		124.5	
最大 2 日		110.5	0.60	3.5	89.5		195.6		149.2	
最大 3 日		118.3	0.55	4.0	97.0		201.1		155.0	
年降水量		562.8	0.30	3.0	540.3		787.9		692.2	

注　1.“变差系数”表示年际之间降雨量的变化程度，年际之间的降雨量变化越大，变差系数就越大。

　　2.“重现期”是统计计算中的一个指标，是指某一特征值在多年平均若干年内出现一次。如“5 年一遇”就是说，这样的雨量在多年平均中 5 年遇到一次，称“重现期”是 5 年。

对通州及高碑店水文资料进行相关分析，$r_年＝0.926＞0.85$，说明两站资料相关性好，借此分析校园降水规律可行。

两站长系列逐旬平均降雨量以及降雨量分别大于5mm、10mm、25mm、50mm、100mm、200mm的降雨次数的统计分析，绘制降水规律过程曲线及柱状图，如图2-1和图2-2所示。

由图表可知，旬降雨量大于100mm通州多集中在6月上旬至8月中旬，高碑店集中在7月中旬至8月中旬；旬降雨量大于10mm通州在3月中旬至11月下旬，高碑店集中在3月下旬至10月下旬。因此，对于雨水收集利用的示范研究，以及雨水利用工程的运行管理应在3月中旬至11月中旬。对于其他几月可不做考虑。

降水规律分析显示，多年平均降水量563mm。6—9月4个月降水量466mm，占年降水量的82%；5—10月6个月降水量523mm，占年降水量的93%；大于5mm和10mm的降水发生在3月中旬至11月中旬的频数较高，收集利用雨水是十分可行的。集雨工程设计中的降水标准，综合考虑5年一遇和6—9月的降水进行分析。

2. 必要性分析

针对农村缺水状况，开源节流、水源保护并重是解决水资源紧缺的方针。农业用水是用水量的重要组成部分，农业灌溉水资源浪费严重、灌溉水利用率低，所以收集雨水回用于灌溉，减少地下水的过度开采，对缓解水资源紧缺将具有重要意义。

在水资源短缺的农村，地下水过度开采，水位下降，泉眼断流，井水干渴，农民居住分散，没有完善的集中供水管道。通过收集雨水可解决人畜饮水问题，改善农民生活条件，保护生态环境。总之，开展雨水收集与利用十分必要。

二、水量平衡分析

1. 需水分析

需水分析是确定生活和生产的用水量。生活用水量包括了人的饮水、做饭、盥洗、洗衣服、冲厕等；生产用水则主要包括对作物、林木的补充灌溉用水、家庭养殖业用水等。

（1）人畜饮用水量。人畜饮用水量包括人及牲畜的饮用水，各地有不同的参照标准。每户的人畜用水量可按10年内能达到的人口数及牲畜数计算，在作地区性规划时可按地区统计资料计算。每家全年人畜饮用水量应分别按不同保证率年份的用水定额进行计算，表2-3为主要畜禽饮用水定额。

表2-3　　　　　　　　　　　主要畜禽饲养用水定额　　　　　　单位：L/[头（只）·d]

畜禽类型	马	牛	猪	羊	鸡	鸭
用水量	40~50	50~120	20~90	5~10	0.5~1.0	1.0~2.0

（2）冲厕用水量。新农村建设将改变农村的生活条件，逐渐将旱厕改为水冲厕所，收集雨水可回用于冲厕所。冲厕用水量可按最高日给水量的20%~30%计算，农村居民用水定额见表2-4。

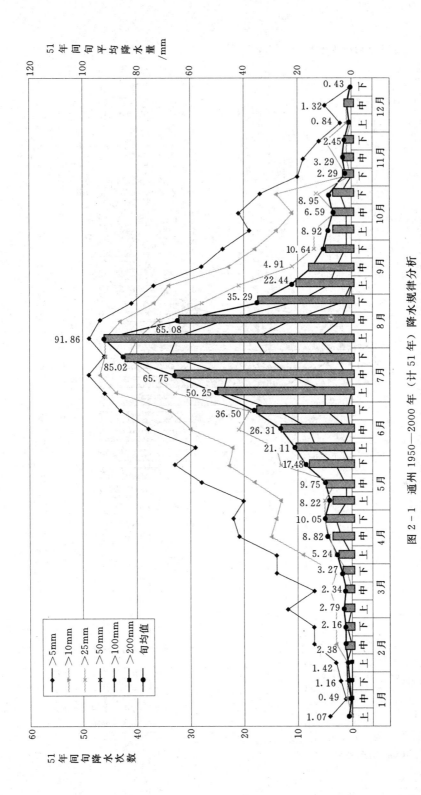

图 2-1 通州 1950—2000 年（计 51 年）降水规律分析

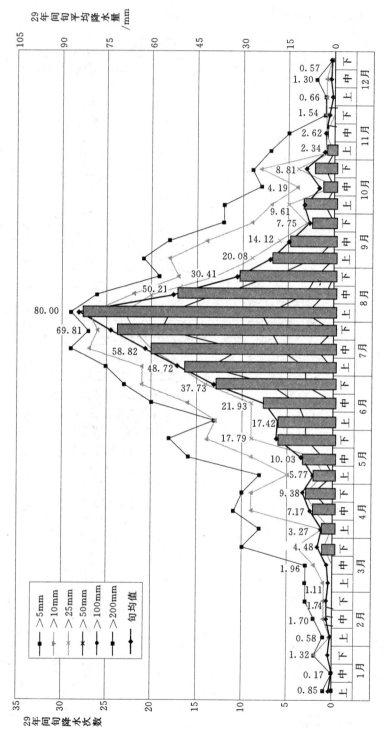

图 2-2 高碑店 1972—2000 年（计 29 年）降水规律分析

表 2-4   农村居民用水定额

给水设备 类型	社区类型	最高日用水量 /[L/(人·d)]	给水设备 类型	社区 类型	最高日用水量 /[L/(人·d)]
从集中给水龙头 取水	村庄	20~50	户内有给水排水卫 生设备，无淋浴设备	村庄	40~100
	镇区	20~60		镇区	85~130
户内有给水龙头， 无卫生设备	村庄	30~70	户内有给水排水卫 生设备和淋浴设备	村庄	130~190
	镇区	40~90		镇区	130~190

（3）灌溉用水量。雨水集蓄利用灌溉应采用节水灌溉方法，农业灌溉用水量应在节水灌溉的前提下，按非充分灌溉（限额灌溉）的原理，根据当地或类似地区作物需水量或灌溉试验资料以及本地区作物生育期的降雨量确定。每亩土地全年灌溉水量可按下式估算：

$$M_d = (0.5 \sim 0.8) \times (N - 0.667 P_e - W_e)/\eta \tag{2-1}$$

式中 M_d——非充分灌溉条件下年灌溉定额，m^3/亩；

N——作物或果树的全年需水量，m^3/亩，可根据修正彭曼公式计算作物需水量；

P_e——作物生育生物期有效雨量，mm，可采用作物生育期降雨量乘以有效系数而得，该系数对夏禾作物取 0.7~0.8，对秋禾作物取 0.8~0.9；

W_e——播前土壤中的有效储水量，可根据实测资料确定，在无实测资料时，可按 $(0.15 \sim 0.25)N$ 作粗略估计；

η——灌溉田间水利用率，滴灌等节水灌溉条件下取 0.9~0.95。

单位面积上的年灌溉用水量也可利用灌水定额和灌水次数估算，即年灌溉用水量＝每次灌水定额×灌水次数。这种方法简单明白，表 2-5 列出了北方缺水地区几种作物灌水次数和灌水定额。缺乏资料时这种计算结果更符合实际。灌溉用水保证率按 $P = 75\%$ 设计。

表 2-5   各种作物的灌水次数和灌水定额

项　　目			粮食作物		果树	蔬菜瓜果
			夏作物	秋作物		
灌水次数	年降水量 400mm		2~3	2~3	3~4	6~8
	年降水量 500mm		2~3	1~2	2~3	5~6
灌水定额	滴灌、膜孔灌	m^3/hm^2	150~225	150~225	120~225	150~225
		m^3/亩	10~15	10~15	8~15	10~15
	点浇、注水灌	m^3/hm^2	75~150	75~150	75~120	75~150
		m^3/亩	5~10	5~10	5~8	5~10

2. 全年可集雨水量

全年单位集水面积可集水量按下式计算：

$$F_p = \frac{E_y R_p}{1000} \tag{2-2}$$

其中 $$R_p = K P_p$$

其中
$$P_p = K_p P_0$$

以上式中 F_p——保证率等于 P 的年份单位集水面积全年可集水量，m^3/m^2；

E_y——某种材质集流面全年集流效率，以小数表示；

R_p——保证率等于 P 的全年降雨量，可以通过计算得出，也可根据该地区多年平均降雨量等值线图查得；

P_p——保证率为 P 的年降雨量；

P_0——多年平均降雨量，mm，根据气象资料确定；

K_P——根据保证率 Cv 值由相应地区的图表查得；

K——全年降雨量与降水量（含降雪）之比值，可根据气象资料确定。

3. 水量供需平衡分析及工程规模确定

根据已求得的总用水量和集水量，进行平衡计算，确定相应的集雨面积、灌溉面积及蓄水工程规模等。其中，集流面工程应按下式分别计算：

$$W_p \leq S_{p1}F_{p1} + S_{p2}F_{p2} + \cdots + S_{pn}F_{pn} \qquad (2-3)$$

式中 W_p——保证率等于 P 的年份需水量，m^3；

S_{p1}，S_{p2}，$\cdots$，S_{pn}——保证率等于 P 年份的集流场（面）材质 1，2，$\cdots$，n 集流面积，m^2；

F_{p1}，F_{p2}，$\cdots$，F_{pn}——保证率等于 P 的年份的集流场（面）材质 1，2，$\cdots$，n 集流面单位集水面积可集水量。

【例 2-1】 北方降雨量为 500mm 地区，山区 4 口之家，养 1 头牛、3 头猪和 5 只羊，种 1.5 亩玉米。确定该户集雨灌溉以及生活和牲畜的年用水量。

解： 计划播种时灌一次水，灌溉方法用点浇坐水种；生长期灌水 2 次，灌溉方式采用地膜孔灌。查表 2-5，秋作玉米播种灌水 5m³；生长期灌水 10m³。

灌溉用水量为 1.5×5+1.5×2×10＝37.5（m³）。

确定人畜用水量，查表 2-4，家庭生活用水 20L/(d·人)；查表 2-3，牛 50L/(d·头)，猪 20L/(d·头)，羊 5L/(d·只)。

人畜用水量为 (4×20+1×50+3×20+5×5)×365÷1000＝78.5（m³）。

一年生产生活总用水量共计 116m³。

4. 蓄水设施的总容积计算

根据水量平衡的原理，按照经济合理的原则确定水窖的容积。水窖容积主要根据地形、土质、用途、当地经济水平、技术能力、施工条件等综合确定。

根据选定的窖型确定水窖容积：

$$V = \frac{W_{\max}}{\lambda \eta} \qquad (2-4)$$

式中 V——蓄水设施总容积，m^3；

λ——蓄水设施的重复利用率，考虑水窖的调蓄次数，平水年水窖 λ 取 $1.0 \sim 1.5$；

η——蓄水容积系数，考虑水窖在蓄水时会有溢流、沉淀等损失水量取 0.8；

$W_{\max}$——不同保证率年份用水量中最大值，人畜饮用水工程为平均年用水量。

第四节 雨水集蓄利用对环境影响

1. 有利于减少水土流失

雨水集蓄利用减少水土流失主要表现在以下两个方面：

（1）集雨入窖减少了地表径流量，因而减轻了对下游土壤的侵蚀，同时集雨截流沟能有效拦截流失水土。

（2）雨水集蓄利用与坡改梯田等小流域综合治理措施相结合，能有效地防止水土流失，调查了解到在成片发展雨水集蓄利用的地区，"集雨＋梯田"的模式可减少水土流失50％以上。

2. 有利于小流域综合治理

雨水集蓄利用若与农、林等措施结合，将发挥巨大的综合效益。某小流域以砂页岩和砂岩为主，山高坡陡，水土流失严重，生态环境差。小流域综合治理工程，以建造空心坝等集流设施为基础，除解决人的吃水外，还灌溉农田，并且结合流域治理、生态环境建设、旅游开发、水土保持，山顶栽种松树，山坡种植葡萄、果树、花椒、杏等果树，已取得显著成效。

3. 在一定程度上减少了下游的防洪负担

由于雨水集蓄利用拦截了部分径流，减少了河川径流量，部分径流通过集雨场存入连片的水池、水窖，分担了上游来水压力，有利于防洪。

4. 可减少灌溉对其他地表水及地下水的依赖，有利于充分利用水土资源

某村地处石灰岩深山区，居住在海拔 800m 的高山上，过去人畜用水靠 5 级扬水输送几公里外的井水，运行成本高，现通过雨水集蓄利用工程的实施，改变了依靠调用井水的局面，全村的窖蓄水量达到 2.73 万 m³，除保证全村人畜用水外，还发展了节水灌溉面积300 亩，占全村耕地面积的 34.3％。

5. 有利于生态环境的保护

雨水集蓄利用一改广种薄收的方式，实施精耕后，产量增加，可形成退耕还林、退耕还草还牧。牧区实施集雨工程的地方，将坡度大于 25°的坡耕地退耕还草还牧，种植牧草，有效地改善了当地的生态环境。

思　考　题

1. 集雨系统由哪几部分组成？

2. 集雨系统各组成部分包括哪些设施？

3. 已知：雨水收集屋顶面积 1000m²，回用于 4 人冲厕，5 只羊、10 只鸡的饲养用水，100m² 草坪灌溉。计算收集水量，回用水量，进行水量平衡，确定水窖容积。（注：户内有给排水卫生设备和淋浴设备，当地多年平均降雨量 500mm）

4. 雨水集蓄利用规划需要掌握哪些基本资料？基本资料如何应用？

5. 修建农村集雨工程的作用是什么？

6. 雨水集蓄利用的可行性和必要性是什么？

7. 某庭院集雨工程，通过计算确定可收集水量为 $100m^3$，最大需用水量为 $80m^3$，试确定水窖容积（年调蓄 2 次）。

8. 雨水集蓄利用按用途不同可以分为哪些类型？

第三章 农村集雨工程技术

第一节 集雨的意义和作用

一、修建集雨工程意义

我国是水资源相对贫乏的国家，水资源总量占据全世界第六位，但人均占有量仅为全世界的1/4。水资源在地域上分布十分不平衡，人均占有水资源量相差很大：西南地区人均水资源量达3万m^3，黄河流域人均水资源量500多m^3，黄土丘陵山区如甘肃、宁夏、山西等人均水资源量200多m^3。水资源在时间上供需错位，全国大部分地方全年降雨60％～70％都集中在7—9月。时空分布的不均导致降雨资源难以很好利用。

由于干旱缺水，农田无灌溉设施，农业生产靠天吃饭、产量低而不稳定，农民只能把大部分地用于生产粮食。许多需水较多的经济作物和果树不能种植，就促使地方的农业生产结构单一。由于近几年连续干旱，地下水持续下降，20世纪七八十年代所打提采浅层地下水的水源井与集泉大口井的水量一少再少，到2000年以后，供水发生严重困难——泉断井枯，如图3-1所示。有些地区虽然水量有保证，但水源水质受到炼金厂、染料厂排放工业废水的严重污染，水质多项指标严重超标，无法饮用。人畜饮水很困难，到几里甚至十几里外去拉水。干旱缺水严重影响农民生活质量的改善和生活水平的提高。

(a)   (b)

图3-1 缺水情况

由于山区农村地形破碎，沟壑纵横，引水和输水工程很难修建，即使水能从外流域引来，也只能达到几个集中供水的地点。山区分散的居民难以受益。地处石灰岩岩溶地区，下雨时，水很快流走或渗入溶洞裂隙，不下雨，马上就缺水受旱，季节性干旱的问题十分严重。因此解决农村生活、生产用水，修建集雨工程是经济可行的有效措施。

二、修建农村集雨工程作用

（1）雨水的收集、储存、利用可解决人畜饮用水的困难。

（2）利用雨水在作物最需要水的时候进行补充灌溉，促进产业结构调整，使农业生产水平得到提高，发展农村经济。

（3）分散式雨水集蓄利用小型工程解决山区分散居住农户的生活和生产用水，促进经济发展。

（4）集雨工程还有利于改善生态环境：一方面集雨工程建设，可提高土地生产率，那些被开垦的山坡就可能退耕还林、还草，使植被逐渐得到恢复；另一方面集雨工程也是一种水土保持的措施，通过建树坑、围坎等可以有效地拦蓄径流。

（5）集雨工程可改善农村居住环境和卫生条件，促进农村精神文明建设，改善了生活用水条件，农户庭院铺砌了混凝土，常常打扫，卫生面貌大为改观。

第二节 京冀郊区雨水利用

一、河北地区雨水利用

（一）集雨节灌工程的结构型式、技术要点和砌筑材料

河北省大量修建的集雨节灌工程，属于微型水利工程，主要适用于地表水或地下水缺乏、多年平均降水在 250～550mm 的旱作地区。工程主要包括径流场（集流面）、集水槽、输水管、过滤池、储水池及附属工程几个部分。降落在径流场上的雨水，汇集到集水槽，通过输水管（沟）拦污栅、沉淀池、过滤后流入储水池备用，还有雨后出露泉水集水等。

径流场一般为山场、屋顶及院落等，用于承接雨水径流；集水槽一般为铁皮或塑料槽，经济条件较差的地方也可用砖砌成地槽；输水管一般为塑料管、陶瓷管、胶管等。

过滤池多用砖石砌成，M10 水泥砂浆抹面，池内分成三个格区，内填不同粒径滤料：第一格区投放 1～8mm 的粗砂和砾石，第二格区投放 8～17mm 的砾石，第三格区投放 15～20mm 的卵石。池底留有排水孔，用于排泄池内沉积的污水。

储水池的位置根据蓄水难易、径流场周围环境状况、取水条件等确定，要尽量远离房屋、大树、厕所、粪堆（一般 2～3m 以上）。型式选择根据用水量和庭院的大小、地基的软硬、开挖的难易程度而定，一般为圆形或长方形水池、地下式水窖或水窖等。水窖容量根据每人日用水 15L、每头大牲畜日用水量 30L、每头猪或羊日用水量 10L 的额定，按每户四口人、一头大牲畜、一头猪或羊计算，以 5 个月为缺水期考虑，年需水 15m³，如满足一年储水两年用的标准，则每户建水窖、水窖容积应为 30～50m³。水池容积应根据用水量、径流面积确定。全省山区年平均降水量为 500mm。一般水池、塘坝蓄水百余 m³，水窖、水窖 30～60m³。储水池用块石和 3∶1 黄土白灰砌四壁和仓底，砌至离地面 50cm 时，用土或木架制成拱形土胎，采用料石水泥浆砌筑拱圈，砌完后用加细泥抹平四周，池顶留 50cm×50cm 的取水口。

附属工程包括自来水装置、手压泵或微型水泵等。

（二）集雨节灌模式与投入产出分析

1. 焦家垴模式

焦家垴位于井陉县辛庄乡，海拔 800m，山场面积 1.5 万亩，为裂隙发育的裸露岩石集雨区，有足够的山场径流，可充分利用。按照由坡面到田间统一规划的原则，因地制宜，以需求供，高蓄低用，配套节水灌溉技术的原则，将全村山场土地划分为 7 个集雨区，利用山坡坡面作为集雨场，达到"七沟、七池、七片地"。

自 1991 年以来，利用房舍院落修建 40m³ 左右的小型高标准全封闭式砌石水窖 120 个，改造旧有井窖 90 个，建成高标准大水窖 6 个，并配套截引水渠 6000m，总蓄水能力 2.7 万 m³。

为了充分利用好集蓄的降水，配套了先进的节水灌溉新技术和旱作农艺措施，发展大棚滴灌 0.5 亩，自压喷灌 70 亩，小型喷灌机组 2 套，可控制面积 260 亩，灌溉面积 200 亩，总计节水面积 530 亩。焦家垴村自实施集雨截灌工程以来，累计总投资 57.1 万元，其中物料费 15.9 万元，除解决人畜饮水外，粮食产量由 1991 年的亩产 218kg 逐年递增到 1997 年的 650kg，年增经济效益 37.5 万元，人均纯收入由 1991 年的 460 元增加到 1998 年的 2491 元。村民除解决自己的吃菜问题外，种植的高山错季蔬菜还打入了县城菜市场。

2. 胡仁模式

胡仁村亦属辛庄乡，全村山场面积 1.2 万亩，人口 506 人，耕地 627 亩，林地 5000 亩。针对该村片麻岩特点，制定了具体方案：山沟建谷坊坝，山下兴建蓄水池和塘坝，层层拦蓄天然径流。

经过几年的项目措施，全村建谷坊坝 36 道，建蓄水池和塘坝 6 个，总蓄水量可达 1.8 万 m³。经济林、用材林年收入达到 105 万元，在特大暴雨时，山洪推迟 32h，且无悬移质携带。由于小流域水土保持好，在平水年随处可见山泉出流。

3. 割子岭模式

割子岭村位于井陉县东南部，全村山场面积 1.4 万亩，人口 1952 人，耕地 2779 亩。该村为丘陵区，河沟穿村而过。土地在村边，土壤肥沃，由于干旱缺水粮食产量低而不稳。

经过认真的实地勘察研究分析，制定了"远山集雨引用，河沟集径扬用"的集雨工程方案，如图 3-2 所示。在远山通过截引工程利用输水管道引至农田区使用或储存，在河沟建成截流工程扬至农田区使用。在农田四周建了 9 个蓄水池，其中 6 个为 2500m³，3 个为 1500m³，总蓄水量可达 2.0 万 m³，用于农田灌溉。

通过几年的集雨截灌工程技术研究与推广，收到了显著的经济效益和社会效益。

二、北京郊区雨水利用

1. 截流、塘坝工程

截至 2003 年，京郊山区共完成水利富民截流、塘坝工程 1258 处，截流、塘坝工程新增蓄水能力 752.06 万 m³，具体工程统计见表 3-1。截蓄雨水溢流坝结构如图 3-3 所示。

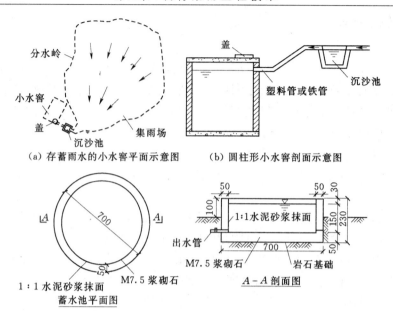

（a）存蓄雨水的小水窖平面示意图　　（b）圆柱形小水窖剖面示意图

（c）某小水池设计、施工图（单位：cm）

图3-2　集雨工程形式（单位：cm）

表3-1　　　　　　　　　　北京山区水利富民塘坝工程统计

区（县）	截流、塘坝工程/处	截流、塘坝新增蓄水量/万 m³
房山区	419	184.7
门头沟区	80	53.2
昌平区	257	60.8
延庆县	49	40.56
怀柔区	253	177
密云县	107	110.5
平谷区	93	125.3
合计	1258	752.06

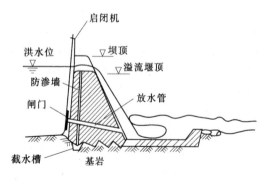

图3-3　截蓄雨水溢流坝

2. 雨洪利用工程

利用山区地形地势修建各种雨洪利用工程来收集雨水和融雪径流，是干旱、半干旱地区解决果粮需水问题、改善人畜饮水困难的重要举措。其优点是降水水质好、工程简单、易于建造和维护，有利于边远山区使用。

截至2003年，北京山区县共完成雨洪利用工程9300处，其中坡面集雨2602处，道路集雨4266处，沟道集雨1203处，其他集雨1229处（庭院集雨等）。雨洪利用工程增加蓄水量203万 m³，实际蓄水量达到205

万 m³，解决山区果粮抗旱灌溉面积 1.71 万 hm²。详情见表 3-2，图 3-4 和图 3-5。

表 3-2　　　　　　　　北京山区水利富民雨洪利用工程统计

年份	小计/处	坡面集雨/处	道路集雨/处	沟道集雨/处	其他集雨/处	增加蓄水量/万 m³	实际蓄水量/万 m³	效益面积/万 hm²
1998	270	54	155	37		11	8	380
1999	507	109	266	95		19	19	1037
2000	554	121	297	96	53	21	21	1408
2001	1100	411	489	155	60	29	30	1473
2002	3551	977	1490	478	622	69	73	8471
2003	3318	930	1569	342	494	53	54	4276
合计	9300	2602	4266	1203	1229	203.1	204.8	1.7

注 其他集雨方式指庭院、屋面集雨。

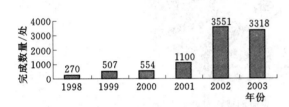

图 3-4　北京山区雨洪利用工程年度对比　　　图 3-5　北京山区雨洪利用工程增加蓄水量对比

从表 3-2、图 3-4、图 3-5 可以看出，自 1998 年开始，雨洪利用工程建设数量逐年递增。在不同雨洪利用类型中，尤以利用道路路面集蓄雨水为最多，其次为沟道集雨和坡面集雨。

第三节　农村集雨工程形式

农村集雨工程是收集天然降雨，加以储存，对雨水进行调节利用的工程。由集流工程、蓄水工程、供水和灌溉设施三部分组成。根据集雨工程用途和集流方式不同，集雨工程可分为以下一些形式。

1. 以人和家畜、家禽饮用水为目的的庭院集雨工程

庭院形式的集雨工程如图 3-6 所示，集流、蓄水工程和供水设施在庭院内，屋顶收集的水通过装在屋檐下的集流槽输送到水窖内，或输送到高位水罐内。水窖可

图 3-6　庭院集雨工程布置

布置在庭院一角，位于庭院较低处。可修建1个或2个小水窖，有条件修建两个水窖更好，供家庭生活及庭院经济使用。一个放在庭院内，供家庭用水，一个放在庭院外，供畜禽饮水和灌溉菜田，发展庭院经济。

2. 多个蓄水工程共用一个或多个集流面的集雨工程

以灌溉为目的而修建的集雨工程，集流面面积较大，集流效率较好：一种形式，收集几公里长公路路面雨水，利用路边排水沟汇集雨水，沿公路方向布置所需数量的蓄水工程，用自流方式灌溉低于路面的农田；另一种形式，山头上修建一大片混凝土集雨面，沿集流面边缘建一圈蓄水工程，如图3－7所示，用于灌溉下面土地。

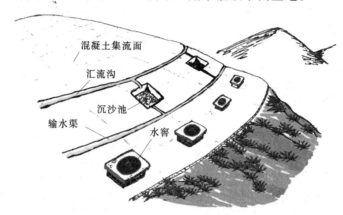

图3－7 山头上修建混凝土集流面或水窖群的布置

3. 沿路布置集雨工程

在乡、村各级道路沿途布置集雨工程，充分利用路面的集水条件结合地形情况，水窖的位置应选在路界外的农田内，修建好汇流沟、引水渠、沉沙池等配套设施，如图3－8所示。

4. 一个集流面对一个蓄水工程的集雨工程

当集流面积较小，集流效率比较低，所集雨水只能灌溉给一个蓄水工程时，宜采用一个集流面对一个蓄水工程的集雨工程，如图3－9所示。由于土质集流面泥沙较多，应设置沉沙池。

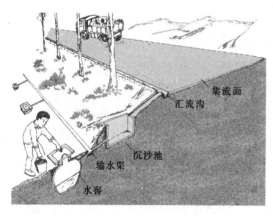

图3－8 沿路布置的集雨工程

图3－9 水窖集雨

5. 田间的集雨工程

虽然田间集雨效率低，但面积大，可修建 $200 \sim 1000\text{m}^3$ 的蓄水设施，这种方法就是利用大田产生的径流，通过聚集，使暴雨径流资源化，实现雨水资源的优化配置。

6. 利用山坡作为集流面的集雨工程

当灌溉土地位于山坡附近时，可以在山坡上沿等高线挖截流沟，再把截流沟的水通过汇流沟和输水沟送到蓄水工程内，如图 3-10 所示。

7. 建有高位水池的集雨工程

建有高位水池的布置方式是把一个或几个水窖或地下水池中的水用微型电泵先抽到一个高位水池中，以实行自流灌溉和便于控制水流，如图 3-11 所示。

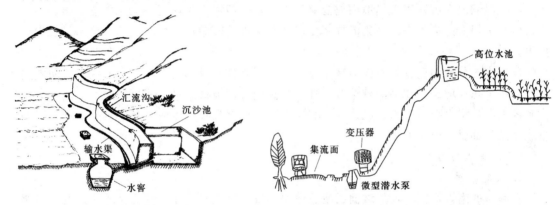

图 3-10　山坡旁的集雨工程布置　　　　图 3-11　建有高位水池的集雨工程布置

8. 沿沟谷布置的集雨工程

沿沟谷布置的集雨工程适用于集流面采用天然坡面，坡面有很好的植被覆盖，土壤天然含水量较高，天然坡面集流效率较高的情况。蓄水池采用圆形或方形水池，用于生活用水的加盖，修建在房屋附近；灌溉用水池修建在地头旁。

9. 塑料大棚和日光温室的集雨工程

由于塑膜集雨效率高，可利用塑料大棚或日光温室的棚面作为集流面，如图 3-12 所示。在棚面朝阳一侧修建汇流沟，引水入棚内的蓄水工程。安装提水设备后浇灌棚内的蔬菜等经济作物。

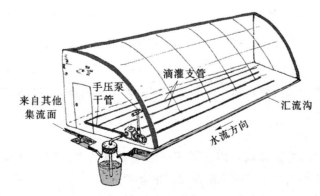

图 3-12　塑料大棚或日光温室棚面集雨工程布置

第四节　集雨场工程

一、集流面选择

（一）集流面的选择原则

选择集流面的种类，应根据需水要求和当地的条件因地制宜。一般应考虑如下原则：

（1）尽量利用现成的透水性较低的表面作集流面。

（2）生活用水的集流面应尽量先利用屋面，集雨量不够时，再用庭院地面作补充，最好对其进行硬化处理。

（3）湿润地区可利用天然坡面或公路等设施，一般可以不必考虑人工防渗措施。

（4）采用人工措施来提高集流效率可以使集流面比较集中，减少汇流、输水过程中的损失。

（5）应充分利用现有条件作为集水场，如现有条件不具备时，应规划修建人工防渗雨水场。在生态环境建设和小流域综合治理中，利用荒山坡面上部作集雨场时，应规划截水沟和输水渠，将水引入蓄水设施或就地利用。在坡面规划集雨场时尽量规划于上部，以便自压灌溉下部树木或作物。

（二）集流面的种类

1. 天然坡面

在湿润的南方地区，天然坡面的集流效率较高，可加以利用；北方半干旱地区，虽集流效率低，荒坡多，但集流面积大，集流总量不少，可以用作集流面；山区岩石坡面，裂隙不发育，没有溶洞，也可以成为很好的集流面。

可结合小流域治理，利用荒山荒坡作为集流面并按一定间距修建截流沟和输水沟把水引入蓄水池，或修建谷坊塘坝拦蓄雨洪，如图 3-13 所示。

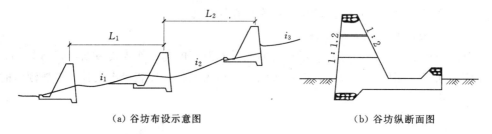

（a）谷坊布设示意图　　　　　　　（b）谷坊纵断面图

图 3-13　谷坊布置示意图

2. 农村中的土路

农村土路经人踩车压后较密实，是集流效率较高的集流面。路面加以平整，并在路旁建汇流沟，收集雨水。

3. 居住的房屋屋面

屋面是一种最常用的集流面，用作集流面的屋面应当为瓦屋面，收集的雨水比较清洁，是解决人畜饮水及发展庭院经济灌溉很好的集流面工程。当现有屋面为瓦屋面时，可尽量加以利用，当现有屋面为草泥时，宜改建为瓦屋面，并优先采用水泥瓦，不足部分在庭院内建设混凝土集流面作为补充。暂无房而拟近期建房的，可模拟屋面修建斜土坡铺瓦作为集流面，施工时应按照农村房屋建设的要求进行，瓦与瓦间应搭接良好，屋檐处应设滴水。

4. 庭院地面

在修建庭院集雨场时，应尽量选用混凝土集雨面，因其具有渗透系数小，集雨效率高，集水效果稳定，且使用年限长，集水成本低，施工简单，干净卫生等优点。庭院混凝土硬化地面做集流面，庭院地面经常打扫，收集的雨水相对比较干净。

5. 田面集流

在人均耕地较多的地方，可采用土地轮休的办法，用塑膜覆盖耕地作为集流面。第二年该集流面转为耕地，可另选一块耕地作为集流面。

6. 水泥混凝土或沥青路面

水泥混凝土或沥青路面是集流效率很高的集流面。水泥混凝土收集的雨水水质较好。沥青路面收集的水，因路面中有煤焦油的成分，不宜饮用，但可作为灌溉水源。公路要有一定的坡度，可利用公路两旁的排水沟做汇流沟，收集雨水。

（三）集流面选择

集流面工程的材料选择应遵循因地制宜、就地取材、提高集流效率、降低工程造价的原则进行，主要可采用混凝土面、瓦屋面、庭院、场院、沥青公路、砾石路面、土路面、天然坡面等。天然集水场效益差时，要进行人工补修，确无天然集水场时，需修建人工集水场。人工集水场有原土碾压、塑料薄膜及石块衬砌等多种形式。

发展作物灌溉的集流面工程，可首先利用各种现有集流面，如沥青公路路面、农村道路、场院及天然土坡等集流面。集流面，宜使集流面和拟灌耕地之间有一定高差，尽量满足各种灌溉方式所需要的水头，以便进行自压灌溉。

现有集流面集水量不足时，可修建人工防渗集流面补充。修建人工防渗集流面时，在当地砂石料丰富且运输距离较近的地方，宜优先采用混凝土集流面。

（四）影响集流面集流效率的主要因素

1. 降雨特征对集雨效率的影响

全年降雨量的多少及雨强的大小影响集雨效率，随着降雨量和雨强的增加，集雨效率也增加。越是干旱的年份，全年的集雨效率就越低。

2. 集雨面材料对集雨效率的影响

集雨面的防渗材料有很多种，其集雨效率差异较大，如塑膜防渗集雨在降雨量不到 5mm 就可产生径流，集雨效率高达 0.9，而大田作为集雨面，集雨效率仅为 0.05。同种防渗材料在不同地方的年集雨效率亦有差别。

3. 集雨面坡度对集雨效率的影响

同一种集雨面材料，坡度较大时，集雨效率也较大。因为坡度较大，流速会增大，降雨停止后坡面上滞留水也较少，因而可提高集雨效率。

二、集流面面积的确定

集流面面积的大小主要根据当地降水量、集雨面的集雨效率、水窖（池）的容积、水窖的重复利用率等因素确定。可用式（3-1）计算，表 3-3 为计算得出的 500mm 降水量时不同集雨面条件下的不同容积水窖所需集雨场面积。

$$S = \frac{1000V\lambda\eta}{P_p E_p} \qquad\qquad (3-1)$$

式中 S——集雨场面积，m^2；

　　　V——水窖（池）容积，m^3；

　　　η——水窖（池）容积蓄积系数，一般取 0.8；

　　　λ——水窖（池）的重复利用率；

　　　P_p——降水保证率 P 时的降水量，mm；

　　　E_p——降水保证率 P 时的集雨效率，见表 3-4。

表 3-3　　　　　　　　　年降水 500mm 不同情况所需集雨场面积

集流面类型	集流效率	不同容积水窖所需集雨场面积/m^2					
		15m^3	20m^3	25m^3	30m^3	40m^3	50m^3
5°坡耕地	0.03	1100	1467	1833	2200	2933	3660
牧草地	0.04	673	900	1127	1353	1800	2253
幼林地	0.04	700	933	1167	1400	1867	2333
土质荒坡	0.04	767	1027	1280	1540	2053	2567
村庄道路	0.23	127	173	213	253	340	427
砖瓦屋顶	0.23	127	167	207	247	327	413
水泥砂浆抹面	0.63	47	60	73	93	120	153
塑膜覆面	0.75	40	53	67	87	113	140
原土夯实	0.23	127	167	207	247	327	413

注　表中按降水保证率 75% 时的集雨效率及 500mm 降水量分析得出。

表 3-4　　　　　　　　　不同类型集流面的年集雨效率参考值

多年平均降水量/mm	保证率/%	集水效率/%								
		混凝土	塑膜覆砂	水泥土	水泥瓦	机瓦	青瓦	黄土夯实	沥青路面	自然土坡
	50	80	46	53	75	50	40	25	68	8
400~500	75	79	45	25	74	48	38	23	67	7
	95	76	36	41	69	39	31	19	65	6

三、集雨防渗设计

（1）混凝土集雨面：厚度一般为 3~5cm，现浇分块以 1.5m×1.5m～2m×2m 为宜，施工前将地基做夯实处理，接缝用沥青或胶泥填缝。

（2）水泥土夯实处理：采用水泥重量比为 10.6%（占总重）左右，夯实后厚度为 5~10cm，干容重达 1.65t/m^3。

（3）三七灰土夯实处理：石灰和土配合比为 3∶7（体积比），夯实厚度为 5~10cm，干容重达 1.60t/m^3。

（4）原土夯实处理：就地将土壤刨松后，洒水至土壤墒情适宜时人工夯实，厚度为10cm左右，干容重达 $1.55t/m^3$。

（5）塑膜处理：采用裸露塑膜、覆砂、覆草泥、覆沥青等形式。

四、集雨场施工

根据集雨场材料不同，集雨场施工方法也不相同，下面是混凝土集雨场、塑膜集雨场、地表处理集雨场的简要处理方法。

1. 混凝土硬化面集雨场

（1）地基处理。混凝土集流面施工前，应对地基进行洒水、翻夯处理。翻夯厚度以30cm为宜，夯实后干容重不小于 $1.5t/m^3$。

对于湿陷性黄土软基础宅院，宜采用洒水夯实法进行处理。其方法是：先将宅院内原状土全部挖虚后均匀洒水，使土体达到适当比例的含水量，当抓起成块，落地开花时即可进行夯实，其干容重不得少于 $1.5t/m^3$。

对于坚硬土质的宅院，可采用表面洒水处理法，其方法是：将原宅院表面均匀进行洒水，其湿透层达到2cm左右时，再用方头铁锹按设计纵坡进行铲平及夯实处理。

对宅院基础较软，离砂石源地较近的农户宅院，可采用压石洒水法进行处理。按设计的纵坡要求，先将院内进行大体平整后，再铺压直径为 2.5～3cm 的卵石，然后均匀洒水并挂线分块浇筑。

（2）做法。混凝土集流面宜采用横向坡度 1%～2%。分块尺寸以 1.5m×1.5m～2m×2m 为宜，块与块之间设缝，缝宽 1～1.5cm，缝间填塞浸油沥青砂浆牛皮纸、3毡2油沥青油毡、水泥砂浆或细石混凝土、红胶泥等。伸缩缝应做到全部混凝土深度，具体细部结构如图 3-14 所示。

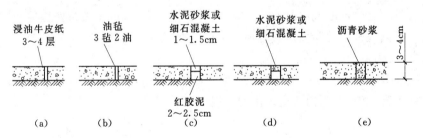

图 3-14 混凝土集流面伸缩缝示意图

（3）养护。所有混凝土工程和砂浆工程要求在初凝后覆盖麦草、草袋等物洒水养护7天以上。夏季炎热时每天洒水不得少于 4 次。

2. 塑膜集雨场

塑膜集雨场如采用裸露式，直接将塑料薄膜铺设在修整好的地面上，在塑膜四周及接缝可搭接10cm，用恒温熨斗焊接或搭接30cm后折叠止水，表面适当部位可用砖块压实。如采用埋藏式，可用草泥、细土或细砂覆盖于薄膜上，厚度以 2～4cm 为宜。

3. 喷涂处理集雨场

平整集雨场，洒水翻夯 20～30cm，夯实后干容重不低于 $1.55t/m^3$。设置横向坡度及纵向坡度，然后将防渗新材料按设计浓度喷洒到集雨面上，以喷洒 2～3 遍为宜。

第五节 集雨辅助工程

一、输雨水工程

屋面集流面所截流雨水的地面输水沟可布置在屋檐落水下的地面上，常采用混凝土矩形沟、U形沟渠，砖砌、石砌明沟，也可使用排水PVC塑料管传输雨落管汇集来的雨水。

利用公路作为集流面且具有公路排水沟的，截流输水工程从公路排水沟出口处连接修建到蓄水工程，其尺寸按集流量大小确定。公路排水沟及输雨水沟渠最好能进行防渗处理。

利用天然土坡面作集流面时，可在坡面上每20～30cm沿等高线修截流沟，截流沟可采用土沟渠，坡度宜为1/50～1/30，截流沟应连接到输水沟，输水沟宜垂直等高线布置并采用矩形或U形混凝土沟渠，尺寸按集雨流量确定。

（一）汇流沟坡度及断面形式

当集水面长度方向尺寸比较大时，需要修建汇流沟，把集流面上的径流汇集，输送到蓄水池存储。

1. 汇流沟坡度

汇流沟坡度的大小可依照地形来确定，不宜太小也不宜太大。坡度太小，水流流速过慢，一方面加大了渗漏损失，另一方面水流中的泥沙沉淀下来造成汇流沟的淤积；坡度太大，会造成水流对汇流沟的冲刷。一般坡度不大于3‰。

2. 汇流沟断面

当汇流量一定时，汇流沟断面较大时，坡度可以小一些；汇流沟断面较小时，坡度可以大一些。汇流沟常用的断面形式有梯形土渠、混凝土（砌石）矩形沟渠等。

（二）汇流沟做法

汇流沟形式（图3-15）要根据各地经济发展水平和农户的投入程度决定，要最大限度减少泥沙入窖（池）。当前普遍采用的有以下几种：

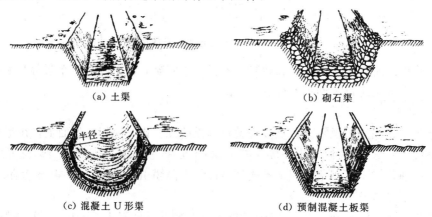

（a）土渠 （b）砌石渠

（c）混凝土U形渠 （d）预制混凝土板渠

图3-15 汇流沟形式

（1）梯形土沟渠。当输雨水沟渠较长时多被采用，雨季沿地面临时开挖，需经常修整，经济适用。

（2）混凝土（砌石）矩形沟渠。多用于窖（池）前的沉淀沟渠（槽），宽 30～50cm，深 80～100cm，长度根据地形选定。

（3）塑料管道。输水条件、防渗效果最佳，唯投资较大。当前从沉沙池进入窖（池）体内这段距离多采用塑料管，管径 100～160mm，施工安装方便。

（4）混凝土板或砌石衬砌。当汇流沟较长，或土壤比较松散时，为了减少渗漏损失或防止冲刷，可采用混凝土板或砌石衬砌。可采用混凝土板或混凝土预制构件安装，干砌石或水泥砂浆砌石。

（三）施工方法

山坡上汇流沟、截流沟不要修建在太陡的坡面上。施工时采用半挖半填的方法，尽量使挖出的土方和需要的填方量平衡。填方要分层夯实，沟道转弯或基土不稳定的部分，要用块石或混凝土护砌，或做挡土墙。

（四）庭院屋顶集雨汇流沟

庭院屋顶集雨常将屋檐落水地面散水改建成汇流沟，如图 3-16（a）所示。

屋面做集流面时，汇流沟布置在屋檐落水地面散水位置上。传输雨水工程常采用 20cm×20cm 或 30cm×30cm 的混凝土矩形沟渠、开口 20～30cm 的 U 形沟渠，砖砌、石砌明沟，排水 PVC 塑料管，如图 3-16（b）所示。

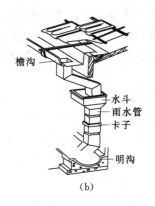

（a）   （b）

图 3-16 屋面集雨汇流

屋檐下接水槽的安装：屋面作集流面时，屋檐下常安装镀锌铁皮做的接水槽，通过管道送至蓄水池或水窖。常用镀锌铁皮雨水管、檐沟规格见表 3-5。

表 3-5　　　　　　　　　　　　　镀锌铁皮雨水管、檐沟规格

雨　水　管				檐　沟		
断面型式	断面尺寸/mm	展开宽度/mm	净面积/cm²	断面型式	断面宽度/mm	适用跨度/m
▢	80×60	300	48.0	φ120	225	双坡<6
	93×67	333	62.3			
	99×73	360	72.2	70 140 120 120	380	双坡 6～15

雨　水　管				檐　　沟		
断面型式	断面尺寸/mm	展开宽度/mm	净面积/cm²	断面型式	断面宽度/mm	适用跨度/m
○	$\phi 65$	225	33.2	⟍⟋ 70 110 100 100	455	双坡<15
	$\phi 90$	300	70.8			

二、进、出水管和溢流管

（一）进水管

进水管多采用 $\phi 75\sim 110$mm 的塑料硬管，前端位于沉沙池底以上 0.8m 处，末端从窖盖（地面以下 0.5m 深处）中穿入窖内 60cm，塑管前端用木塞封口，管道下部开孔，这样可防止水流冲刷窖壁。

进水槽可用 C15 混凝土现场土模预制，壁厚 4cm，长×宽×高＝150cm×10cm×8cm，伸入窖内，前端槽口封闭，槽底留注水孔，当槽长不够时，可用 2～3 节连接。

（二）出水管

出水管是埋设在窖（池）底的一种取水设施。水窖大多从窖口用机械或人力提水。有自流灌溉条件的山区，利用地形高差大的优势布设自流节灌窖，可在离底 0.5m 处的窖壁上布设出水管（直径 110mm 的塑料硬管或钢管），出口安装闸阀。蓄水池的出口管也采用同一种形式。

出水管安装时，要特别做好防渗处理，在窖（池）壁墙内布设 2～3 道橡胶止水环或用沥青油麻绑扎，然后用水泥砂浆将四周空隙堵实。出口闸阀处要用砖（或浆砌池）做成镇墩，防止管道晃动，北方寒冷地区要将出水管覆土掩埋，其厚度根据最大冻土深度确定。

当窖水中含沙量较大时，窖内出水管前端安装一节软胶管，与出水管径相同，用 8 号铅丝将软管悬挂在窖内，从液面下 0.5m 处取水，可防止泥沙淤塞出水管。

出水管也可结合排沙，将出水管内径加大至 150mm，利用雨季来水量多的时机，引水冲沙，可大大节省窖内清淤工作量。

（三）溢流管

溢流管是防止窖水超蓄（夜间暴雨），危及水窖安全的补救措施，它可将水窖最高水位以上的水安全排泄。一般在窖盖圈梁以下或水窖缸口处埋设直径不小于 110mm 的管道，多余窖水从溢流管泄入排水渠。

思　考　题

1. 农村集雨工程形式有哪些？特点是什么？

2. 画图说明平屋顶排水与坡屋顶带檐沟排水方式的区别。

3. 影响集流效率的主要因素有哪些？如何影响？

4. 写出庭院集雨、路面集雨、山坡集雨和大棚温室集雨的工艺流程。

5. 农村集雨集流面的类型有哪些？从哪些方面对径流系数有影响？

第四章 农村雨水净化存蓄管理

第一节 农村集雨水质净化

农村集雨水质，需要净化处理，设置水质净化设施，保证良好水质。水质净化设施主要包括拦污栅、沉沙池、过滤池及其他辅助净化设施等。

一、拦污栅

在沉砂池、过滤池的水流入口处均应设置拦污栅，以拦截汇流中的大体积杂物，如枯枝残叶、杂草和其他较大的漂浮物，如图4-1所示。拦污栅孔径必须满足一定的要求，一般缝隙宽度不超过10mm，孔径不大于10mm×10mm。在每次蓄水前和蓄水时及时清理拦污栅前杂物，保证池水入窖。

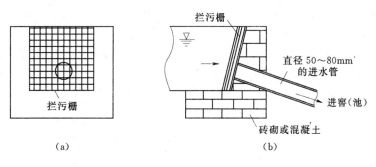

图4-1 拦污栅构造图

无论哪种形式的沉沙池，都需在进水管前设置拦污栅，以防杂草污物进入窖（池）内。

拦污栅形式多样，构造简单可就地取材。可直接采用筛网制成，用8号铅丝编织成1cm方格网状方形，栅周边用$\phi6$钢筋绑扎或焊接，长与宽根据进水管（槽）尺寸而定，埋设于进水管（槽）前面池墙内。也可在铁板或薄钢板上按呈梅花状打1cm孔（圆孔、方孔均可）。经济条件较差的地区，也可用竹条、木条、柳条制作成网状拦污栅。图4-2为集雨工程钢筋焊接格栅立面图。

二、沉沙池（坑）

沉沙池（坑）是水窖（水池）建设中的重要组成部分，如图4-3所示。在我国北方干旱半干旱地区，水窖（蓄水池）

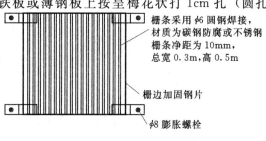

栅条采用$\phi6$圆钢焊接，材质为碳钢防腐或不锈钢
栅条净距为10mm，总宽0.3m，高0.5m

栅边加固钢片

$\phi8$膨胀螺栓

图4-2 拦污栅立面图

以集蓄雨洪径流为主,来水中挟带着泥沙,尤其是坡面、沟壕径流含沙量更大。因此,修建沉沙池是必不可少的。

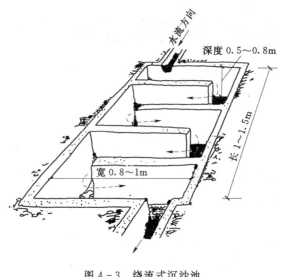

图 4-3　绕流式沉沙池

1. 沉沙池布设位置

沉沙池为窖(池)前的附属设施,位置选择适当与否直接关系到沉沙的效果。其原则如下:

(1)沉沙池(坑)离窖口(蓄水池边缘)要有 2～3m 距离,以防止池内渗水造成窖壁坍塌。

(2)充分利用有利地形沉淀来水中泥沙。

当利用坡面、沟壕集水,水中含沙量较大时,不宜按来水方向在窖前布设沉沙池,因为水流沿坡面、沟壕直下时流速大,即使水进入沉沙池也难以使泥沙沉淀。所以,必须沿等高线大致走向开挖沉淀渠,按来水反方向布设沉沙池(坑),这样可供泥沙充分沉淀,真正发挥沉沙池作用。

2. 沉沙池类型

沉沙池根据沉沙情况分为一级沉沙池和多级沉沙池,根据结构可分为绕流式斜墙沉沙池、绕流式直墙沉沙池、梯形沉沙池、矩形沉沙池(图 4-4),根据池底比降分为平坡沉沙池、逆坡沉沙池(图 4-5)等。

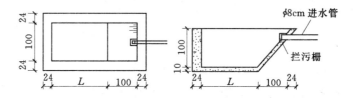

图 4-4　矩形斜坡沉沙池(单位:cm)

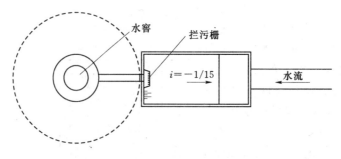

图 4-5　逆坡沉沙池

沉沙池的池底要有一定的坡度(下倾)并预留排沙孔。沉沙池的进水口、出水口、溢水口的相对高程通常为：进水口底高于池底 $0.10\sim0.15m$，出水口底高于进水口底 $0.15m$，溢水口底低于沉沙池顶 $0.10\sim0.15m$。

　　绕流式沉沙池在泥沙含量较大时，为更充分发挥沉沙池的功能，在沉沙池内可用单砖垒砌斜墙，这样一方面可延长水在池内的流动时间，有利于泥沙下沉，水在隔墙之间迂回流动的过程中，泥沙就会大量沉淀下来；另一方面可连接沉沙池和水窖或蓄水池取水口位置，使正面取水变成侧面取水，更有利于避免泥沙进入水窖或蓄水池。根据以往经验，绕流式沉沙池（图4-6和图4-7）沉沙效果更为理想，但清淤不如矩形和梯形沉沙池方便。

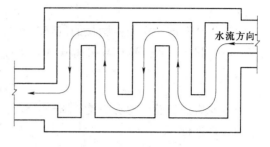

图4-6　水平绕流式沉沙池

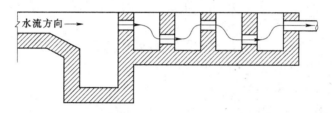

图4-7　垂直绕流式沉沙池

　　3. 沉沙池容量及尺寸设计计算

　　沉沙池容量大小要根据来水中泥沙含量和沉沙要求决定。泥沙中有悬移质又有推移质，一般要求将推移质泥沙（粒径 $0.04\sim2mm$，沉速 $0.8\sim2.05mm/s$）中的颗粒沉淀下来。一般沉沙池呈矩形，长 $2\sim3m$，深 $1.0m$，可沉淀泥沙 $3m^3$。其具体尺寸依据径流量而定。

　　（1）沉沙池沉沙原理与计算。沉沙池是根据水流从进入沉沙池开始，所携带的设计标准粒径以上的泥沙，流到池出口时正好沉到池底来设计的。沉沙池长、宽、深分别由 L、B、h 表示，计算过程如下。

　　设计标准粒径沉降时间按式（4-1），式（4-2）计算：

$$t_c = \frac{h}{v_c} \tag{4-1}$$

$$v_c = 0.56D_c^2(\rho-1) \tag{4-2}$$

上二式中　　t_c——设计标准粒径颗粒的沉降时间，s；

　　　　　　h——沉沙池水深，m；

　　　　　　v_c——设计标准粒径颗粒的沉降速度，m/s；

　　　　　　D_c——设计标准粒径，mm，一般取 $D_c=0.05mm$；

　　　　　　ρ——泥沙颗粒密度，g/cm^3，一般取 $2.4\sim2.7g/cm^3$。

　　泥沙颗粒的水平运移速度按式（4-3）计算：

$$v = \frac{Q}{Bh} \tag{4-3}$$

式中　Q——引水流量（汇流流量），m^3/s。

池长 L 内的运行时间按式（4-4）计算：

$$t_L = \frac{L}{v} = \frac{BhL}{Q} \qquad (4-4)$$

大于设计标准粒径泥沙颗粒的沉降时间与沉沙池长 L 内水流运行时间相等 $t_c = t_L$，由式（4-1）和式（4-4）推导可得式（4-5）：

$$L = \frac{Q}{Bv_c} \qquad (4-5)$$

根据现有的经验，池深 h 为 $0.6\sim0.8m$、长宽比 $2:1$ 比较适宜，沉沙池尺寸确定按式（4-6）进行：

$$\left.\begin{array}{l} L = \sqrt{\dfrac{2Q}{v_c}} \\[2mm] B = \dfrac{L}{2} \\[2mm] h = 0.6\sim0.8m \end{array}\right\} \qquad (4-6)$$

式中　Q——引水流量（汇流流量），m^3/s；

　　　L、B——沉沙池长、宽，m；

　　　h——沉沙池水深，m。

例如：某集雨工程，设计径流量 $Q = 0.00115 m^3/s$，需要将大于 $0.05mm$ 的泥沙沉淀，泥沙颗粒密度 $\rho = 2.67 g/cm^3$，故有：

标准粒径颗粒沉速

$$v_c = 0.563D_c^2(\rho-1) = 0.563 \times (0.05)^2 \times (2.67-1) = 2.35 \times 10^{-3} \ (m/s)$$

沉沙池长度

$$L = \sqrt{\frac{2Q}{v_c}} = = \sqrt{\frac{2 \times 0.00115}{2.35 \times 10^{-3}}} = 1.0 \ (m)$$

沉沙池宽度

$$B = \frac{L}{2} = 0.5 \ (m)$$

沉沙池深度

$$h = 0.6\sim0.8m$$

（2）根据沉沙池停留时间计算沉沙池容积。试验研究建议沉沙池一般停留时间为 $2\sim3min$，沉沙池容积的确定可按式（4-7）计算：

$$V = Qt \qquad (4-7)$$

式中　V——沉沙池容积，m^3；

　　　Q——输雨水流量（汇流流量），m^3/s；

　　　t——停留时间，s。

4. 沉沙池池体结构和施工要求

沉沙池。按施工建筑材料不同分为土池、水泥砂浆池、砖砌池、浆砌池和混凝土池等。

（1）土池。在离窖口 $3m$ 处按设计尺寸就地开挖。人工夯实处理池体池墙，一般为梯形断面。采用红胶泥防渗，池底防渗层厚度5～10cm，侧墙3cm，也可用塑膜草泥防渗，复式梯形断面，池的边坡要平缓，在半腰留10cm平台。宽3.2～4.2m，上口长4.2～5.2m，先开挖土基，夯实底部土体，按池体形状黏结塑膜，上口要深入地面20cm，将膜铺好后，上面用草泥覆盖，池顶四周压土20cm，防渗效果很好。但清除池内泥沙时，要仔细小心，防止塑膜铲破。

（2）水泥砂浆抹面池。池体按设计尺寸挖好后（一般为梯形池），夯实池底，拍打密实池墙。用1：3.5水泥砂浆由下往上墁壁，厚度3cm，并进行洒水养护。

（3）砖砌池。矩形池，池墙单砖砌筑，厚12cm。池墙、池底整体砌成，池底平砖。在靠近水窖（池）一侧按设计要求埋设进水管，最后用1：3.5水泥砂浆抹面3cm。

（4）浆砌池。矩形池池墙、池底为M7.5水泥砂浆砌石，厚25cm。内墙壁和池底用水泥砂浆抹面防渗，并按设计要求埋设进水管。

（5）混凝土池。结构尺寸和砖砌池基本相同。池墙、池底混凝土厚度5～8cm，一次现浇成，并按要求布设进水管和进行洒水养护7～14天。

三、过滤池

用于解决人畜饮水的蓄水工程，对水质要求较高时，可建过滤池。根据需要过滤池与沉沙池可单独布设，也可联合布设。如采用含沙量较小的集雨场时，可只设置过滤池；如收集的雨水含沙量较大且水质要求较高时（SS≤5mg/L）时，可在沉沙池与水窖（蓄水池）之间设置过滤池。

过滤池尺寸及滤料可根据来水量、集雨水质及滤料的导水性能确定，图4-8为坡面集雨过滤池的布设与构造。

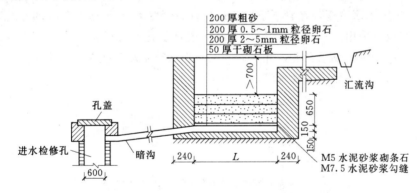

图4-8 过滤池与汇流沟及水窖连接断面图（单位：mm）

过滤池施工时，其底部先预埋一根输水管，输水管与蓄水池或窖窖相连，滤料一般采用卵石、粗砂、中砂，自下而上顺序铺垫，各层厚度均匀，同时为便于定期更换滤料，各滤料层之间可采用聚乙烯塑料密封后金属网隔开。此外，为避免平时杂质进入过滤池，在非使用期，过滤池顶应用预制混凝土板盖住。

四、其他集雨辅助净化保质手段

1. 地下建窖，窖口加盖

为了尽可能减少各种病菌的滋生、繁殖与传播机会，人畜饮用水窖最好建在地面以下，并加盖保护。若条件许可，还应区分人饮、畜饮水窖，以便更好地进行管理。

2. 明矾或其他化学制剂净化

某些缺少上述沉沙池和过滤池等净化配套设施的水窖，可采用投放明矾、漂白粉或其他有效化学制剂来澄清集蓄雨水，以达到对水源进行初步处理的目的。

加药沉淀措施：加药净化主要是使水中悬浮的细颗粒进一步沉淀和针对水中的微生物进行消毒。沉淀水中悬浮颗粒的药物一般是明矾，化学名名称叫氢氧化铝。当明矾加入水中后，即成为一种带正电的胶体粒子，它与带负电的细泥沙颗粒互相吸引，聚集为较大的颗粒而下沉，使水质变清。根据经验，加入明矾可以使 70％的细泥沙颗粒沉淀。一般每50kg 水加入 10～15g 明矾。

消毒药物主要采用漂白粉。漂白粉加入水中后，会产生一种叫次氯酸的化合物，对细菌有很强的杀伤力，还能防止藻类繁殖，使有机物分解。漂白粉的使用量为每立方米加50g（1 两）。可以加入窖（池）内，也可以放入一个开有小孔的小罐内，用绳系住，浸入水中，使其慢慢释放，10 天左右换一次药，可以持续发挥药效。要注意的是，漂白粉浓度太大时对某些作物生长有一定影响；另外由于漂白粉能与有机物起化学作用，所以应与氮肥分开使用。

3. 过滤措施

一种过滤方法是在进入饮水管前，先经过一个过滤池，再进入饮水的水箱。过滤池内用砂、石分层铺设，细颗粒在上，粗颗粒在下，水通过时泥沙就被留在滤层内。使用一段时间后，要用水自下而上把留存的泥沙冲洗掉。

另一种过滤方法是用一根硬质塑料管，直径 10cm，长度比手动加压泵吸水管的长度长 30cm，下端用木塞堵死，在管子下段 3m 左右的管壁上打直径 0.5cm 的小孔，孔要打得密一些，间距可采用 2～3cm。然后用无纺布把打了孔的管段包起来，用绳扎紧。把塑料管套在手动加压泵的吸水管上，并加以固定。当水被手动高压泵抽吸上来时，水中的泥沙就被无纺布隔住，不能进入吸水管，如图 4-9 所示。

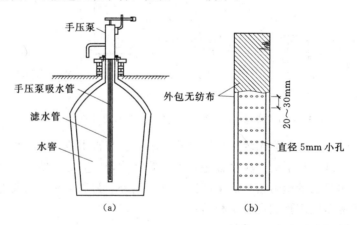

图 4-9　吸水管上过滤装置

4. 煮沸饮用

水窖必须煮沸后方可供人饮用，这是最好的净化方法。煮沸后不仅细菌可以杀死，固体悬浮物有一部分也可沉淀。北方有的地方燃料比较缺乏，但阳光充足可以使用太阳能烧水。

5. 定期清洗

人畜饮用水水窖必须定期清洗，以保持窖内的清洁。每年的清洗次数因地、因环境（水文、气象、土壤、地质等）而异，一般不得低于1～2次。清洗时间宜选在雨季来临之前。

第二节　农村集雨蓄水工程

一、蓄水工程选址

蓄水工程选址是关键，选址合理，就能达到预期蓄水效果；选址不当，就会出现蓄不上水，或者坍塌、淤积，达不到设计使用年限等问题。

（一）水窖（窑）的选址

水窖（窑）的选址应按照因地制宜的原则，综合考虑窖址处的集雨条件、土质状况、灌溉及生活回用等几方面条件。

（1）窖址应选在降水后能产生地表径流，有一定集水面积且能自流入窖的地方。

（2）用于灌溉的水窖，窖址应选在灌溉农田附近并尽量高出农田，集水、输水、取水都较方便的地方，坡面集雨应充分利用地形高差多建自压灌溉水窖。

（3）主要用于解决生活用水的水窖，窖址应选择在庭院或场院的较低处，考虑集水、输水、取水、用水都比较方便。

（4）窖址应选择在土质坚硬而均匀的土层上，且无裂缝、无滑坡、无陡坡、无陷穴的地方，应远离沟边，切忌修在靠近大树、隐穴等地质条件不好的地方。

（5）不同土质条件的地区要选择与之相应的窖型结构，在红黏土上可布设水泥砂浆薄壁窖，在红色黄土、硬黄土上可布设混凝土盖碗窖、混凝土球形窖，砂壤土地区可布设砖拱窖，在灌溉农田附近修建窑窖，在土质条件较差地区可修建蓄水池。

（二）蓄水工程规划

蓄水工程要根据当地的地形、地貌、土质、集雨场状况及蓄水用途进行合理规划布置。用于解决生活用水和庭院经济用水的蓄水设施，一般应选择在庭院内、远离厕所、地势较低的地方，以保证水质的卫生和取水方便。用于解决灌溉用水的蓄水设施应尽量建在比灌溉田块高的地方，以便实现自压灌溉。蓄水设施必须避开填方和易滑坡的地段，设施的外壁距崖坎或根系发达的树木距离不小于5m。公路两旁的蓄水设施应符合公路部门的排水、绿化、养护等有关规定。

二、蓄水工程形式

修建蓄水工程的目的是把雨季的水储存起来，以备旱季使用。蓄水工程可分为水窖（窑）和蓄水池两类。水窖（窑）的形式多种多样，常用的主要有水泥砂浆薄壁窖、混凝土盖碗窖、混凝土球形窖、砖拱窖、窑窖等。蓄水池有普通蓄水池、调压蓄水池、涝池等。普通蓄水池根据形状可分为圆形和矩形两种，根据有无顶盖可分为开敞式和封闭式两种；调压蓄水池根据用途可分为增压蓄水池和减压蓄水池。

（一）水窖

水窖是建在地下的埋藏式蓄水工程，在我国水窖的应用非常普遍。

1. 水窖特点

水窖建在地下，夏季水温较低；水窖有顶盖，容易保持良好的水质，防止蒸发，减少水量损失；北方地区冬季窖内存水不结冰，不影响使用，也不会对工程造成破坏；修建水窖的材料用量相对比较少，造价较低。

2. 水窖结构形式

水窖（窑）的形式多种多样，常用的主要有水泥砂浆薄壁窖、混凝土盖碗窖、混凝土球形窖、砖砌拱盖窖等。常用水窖的窖形主要有缸（瓶）式水窖、柱（桶）体式水窖、球形水窖等，如图4-10所示。

图4-10 水窖结构形式

3. 水窖容积计算

（1）缸式水窖容积，按式（4-8）计算：

$$V=(R^2+r^2)(H+h)\pi/2 \qquad (4-8)$$

式中　V——水窖总容积，m^3；

　　　H——正常蓄水深，m；

　　　h——安全超高，m；

　　　R——窖体上口半径，m；

　　　r——窖体下口半径，m。

（2）球形水窖容积，按式（4-9）计算：

$$V=4\pi R^3/3 \qquad (4-9)$$

式中　V——水窖总容积，m^3；

　　　R——水窖的半径，m。

4. 土质地区水窖

土质地区水窖有盖碗式水窖、瓶状水窖、球形水窖等。水窖内部一般由蓄水窖、旱窖、窖颈和窖台等不同功能的部分组成。蓄水窖是水窖盛水部分。旱窖位于水窖的上部，作用一是作为下部大直径的蓄水窖窖体和直径较小的窖径的过渡段，呈圆弧形扩展；二是在寒冷地区使水位在地面以下一定深度，防止水结冰。窖颈和窖台是水窖出水部分，为了保持水质和减少蒸发，其直径一般为600～800mm。水窖的总深度不宜超过8m，蓄水深度和直径都不超过 4m。水窖的最大蓄水容积不大于 50m³。水窖施工一般像挖地窖那样，采取掏挖的办法，从窖口出土。

（1）混凝土盖碗窖。混凝土盖碗窖（图 4-11）形状类似盖碗茶具，故取名盖碗窖。这种窖型没有旱窖的倒坡土体部分，窖体力学性能好，稳定可靠，避免土体坍塌，提高了窖体施工和使用的安全性。主要结构尺寸如图 4-11 所示。

防渗处理，分为窖壁防渗和窖底防渗两部分。窖壁防渗：在水窖窖壁上沿等高线每隔 1m 挖一条宽 5cm、深 8cm 的圈带，在两圈带中间每隔 30cm 打混凝土柱（码眼），品字形布设，以增加防渗层与窖壁的连续性和整体性。在窖壁上用水泥砂浆抹面 2~3 次，厚度 3.0cm。

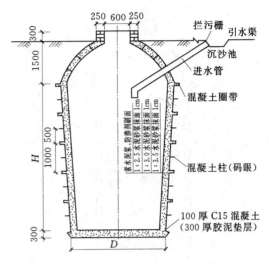

图 4-11 混凝土盖碗窖剖面图（单位：mm）

窖底防渗：窖底及边角结构呈圆弧形受力效果最好。在处理窖底时，对窖底原状土翻夯，窖底防渗可根据当地材料情况因地制宜选用，一般采用混凝土防渗。

附属设施：包括进水沟渠、沉沙池、拦污栅、进水管等，有条件的地方可设溢水管、排水管等。

适宜范围：此窖型适宜土质比较松软的黄土和砂壤地区，质量可靠，使用年限长，但投资较高。

混凝土盖碗窖的构造尺寸及具体技术参数见表 4-1。

表 4-1 混凝土盖碗窖技术参数表

项目名称	容积/m³	窖深/m		各部分尺寸/m				窖底厚/cm		窖壁厚/cm	拱盖厚/cm
		下部	上部	底径	中径	上口径	窖口高	砂浆	混凝土		
混凝土拱盖窖	50	5.0	1.5	3.0	4.0	0.8	0.3	3	10	3	6~8
	60	5.2	1.5	3.4	4.2	0.8	0.3	3	10	3	6~8

项目名称	土方/m³	砂浆/m³	混凝土/m³	水泥/m³	石子/m³	沙子/m³	水/m³	抗渗剂/kg	备注
混凝土拱盖窖	70	1.8	2.4	1.24	2.0	3.3	3	24	（1）水泥采用 32.5 级
	80	2.1	2.5	1.36	2.1	3.6	3	28	（2）混凝土为 C15

（2）砖砌拱盖窖。该窖的下部结构尺寸、使用范围、附属设施、防渗处理与混凝土盖碗窖相同。上部窖盖为砖砌拱盖，可就地取材，适应性强。施工技术简单灵活，既可在土壤表面从下向上分层砌筑，又可在大开挖窖体土方后再分层砌筑窖盖。结构如图 4-12 所示。

（3）混凝土球形窖。该窖型主要由现浇混凝土上半球壳、水泥砂浆抹面下半球壳、两半球结合部圈梁、窖颈和进水管等组成。该窖型实际是混凝土盖碗窖的优化改型。这种窖型利用相同体积球形面积最小的原理，从设计结构上对降低单位窖容造价具有独特的作用。结构如图4-13所示。

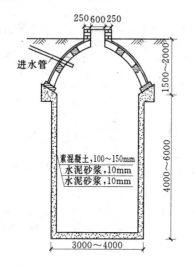

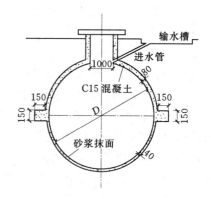

图4-12　砖砌拱盖窖结构图（单位：mm）　　图4-13　混凝土球形窖结构图（单位：mm）

　　球形窖的直径及具体技术参数见表4-2。

表4-2　　　　　　　　　　　　　　　球形窖技术数据表

容积 /m³	直径 /m	壁厚 /cm	挖方 /m³	填方 /m³	混凝土 /m³	砂浆 /m³	水泥 /t	砂 /m³	石子 /m³	水 /m³
15	3.1	4.0	33.3	16.9	1.60	0.15	0.58	0.85	1.07	0.9
20	3.4	4.0	42.3	20.5	1.87	0.19	0.69	1.01	1.24	0.9
25	3.6	4.0	51.0	22.6	2.13	0.21	0.78	1.15	1.41	1.0
30	3.9	4.0	59.6	23.5	2.36	0.24	0.86	1.28	1.56	1.2

　　5.岩石地区的水窖

　　岩石地区的水窖容积较小，一般为10～20m³，形状多为长方形。有时为了减少岩石的开挖量，把水窖大部分做在地下，小部分做在地面以上。地面以上部分周围及窖顶都用挖出来的土石料堆埋起来，以保持窖内水温。

　　（二）水窑

　　水窑是在坚硬密实土或岩石的崖面底部，水平方向开挖进去而形成的蓄水工程。水窑一般分为土崖面和岩崖面两种类型。

　　水窑特点：水窑也是埋藏式的蓄水工程，具有和水窖同样的优点。但由于水窑的修建必须要有崖面，其位置常常不能位于住家附近，用作人畜饮用水的蓄水工程时，使用上不如水窖方便。

　　土崖面水窑：在土崖面上修建的水窑形状和北方居住的窑洞相仿。容积最大可达100m³，分为工作窑和储水窑两部分。

　　岩崖面水窑：断面形状与土崖面上的水窑基本相同，是一种隧洞式的蓄水工程。在岩石中开挖不需要支护结构，在隧洞口要砌筑一个挡水墙，进水一般是从崖上的坡面集流经过沉沙池沉沙后引入，出水管安装在挡土墙的底部。详见图4-14。

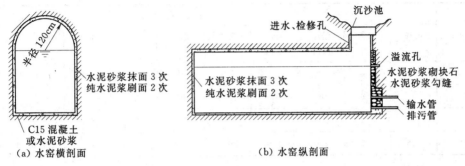

图4-14　隧洞式水窖结构图

（三）蓄水池

在一些土质条件很差，不适宜修建建水窖的地方可采用建设蓄水池存蓄雨水。在蓄水量较大时也需要建蓄水池，蓄水池容积可达500～1000m³。蓄水池多采用圆形，也有为了施工方便而采用方形或长方形的。分为普通蓄水池和调压蓄水池。普通蓄水池在小股泉水出露的地表，起到长蓄短用的作用。调压蓄水池分为增压蓄水池和减压蓄水池。为满足微灌、低压管灌所需的压力，选址尽量利用坡面地形高差，布设在较高处实现自压灌溉。在较大的完整坡面上，坡面相对高差超过灌溉管道的设计压力时，可分段布设减压蓄水池，使管道的实际压力处于设计压力范围之内，提高管网的安全性。

圆形水池在相同容积时，比矩形水池的工程量小，因此用得比较普遍。但当侧墙采用现浇混凝土时，矩形水池的模板比较容易制作，因此矩形水池的使用也很广泛。为了不让人畜掉入，应在水池周围做围栏，高度不小于1.1m。池深不要太大，不要超过3m。圆形水池的结构如图4-15所示。

带有顶盖的封闭式蓄水池，多采用钢筋混凝土板梁结构，还要在水池内设柱。也可以是板与柱子做成整体结构，而不用梁。

水池顶盖面板承受的荷载，主要有填土重量、地面上的人畜荷载以及板的自身重量。板所受力的大小除了与荷载有关外，还和板的跨度有关。板内配置钢筋，一般只需要在下部配置受力的主钢筋（平行板长方向）及垂直板长方向的分布钢筋。主钢筋根据板的跨度和覆土厚度通过计算确定。

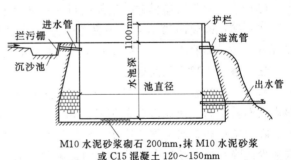

图4-15　圆形水池剖面图

梁的荷载包括板传过来的力以及梁的自身重量。板传过来的力量与梁承担的板长有关，也就是与梁的间距或者梁与侧墙之间的距离有关。梁中配置的钢筋可以分为主钢筋、架立筋和钢箍3种。为了保证钢筋和混凝土的结合，同时防止钢筋锈蚀，主钢筋外面要有一定厚度的混凝土保护层。

混凝土和浆砌石圆形蓄水池主要尺寸、工程量及材料用量见表4－3和表4－4。

表4－3　　　　　　圆形混凝土蓄水池主要尺寸、工程量及材料用量表

容积 /m³	主要尺寸				主要工程量			主要材料用量		
	内径 /m	池深 /m	壁厚 /mm	底厚 /mm	混凝土量 /m³	挖土 /m³	填土 /m³	水泥 /t	碎石 /m³	砂子 /m³
30	4	2.4	130	100	7.7	59	16	2.7	6.5	6.2
50	5	2.6	160	100	12.1	95	23	4.2	10.3	9.5
80	5.5	3.4	210	100	19.8	153	39	6.6	16.8	14.9
100	5.5	4.2	250	100	26.7	201	58	8.7	22.6	19.4

表4－4　　　　　　圆形浆砌石蓄水池主要尺寸、工程量及材料用量表

容积 /m³	主要尺寸				主要工程量				主要材料用量			
	内径 /m	池深 /m	壁厚 /mm	底厚 /mm	混凝土 /m³	浆砌石 /m³	挖土 /m³	填土 /m³	水泥 /t	块石 /m³	碎石 /m³	砂子 /m³
30	4	2.4	400	100	1.4	20.0	71	15	2.8	2.8	1.2	9.1
50	5	2.6	500	100	2.2	32.0	116	20	4.5	37.1	1.9	14.3
80	5.5	3.4	600	100	2.6	52.0	183	33	6.9	60.3	2.2	22.3
100	5.5	4.2	600	100	2.6	62.0	228	45	8.0	71.9	2.2	26.2

（四）旱井

旱井，实际上是水窖的另一种叫法，多用于我国西北干旱土质地区，一般是季节性蓄水。旱井按形式不同分为烧杯式旱井、酒瓶式旱井、圆筒式旱井。常用旱井有水泥砂浆防渗旱井和塑料薄膜防渗透旱井。旱井容量一般为30～70m³。

（1）水泥砂浆防渗旱井，用泥做衬里，其上铺设水泥砂浆防渗层。

（2）塑料薄膜防渗旱井，用聚乙烯塑料薄膜加工制成防渗井体。薄膜厚度为0.3～0.4mm，成井直径2.5m，深4.5～5.0m，蓄水量15～25m³。

三、蓄水工程容积的确定

蓄水工程的容积应当能够储存足够的水量，以满足旱季用水的要求。同时，又不能建得太大而蓄不满，造成资金的浪费。影响蓄水工程容积的因素，主要为全年用水量的大小、降雨条件和蓄水工程的用途。全年用水量越大，需要蓄水容积也越大。降水量、降雨次数少或降水分布较集中的地方，为保证用水需求，就要把全年需要水量大部分都储存起来，因此蓄水容积就要大些。而降水经常发生的地方，可以边蓄边用，需要的蓄水容积就小。雨水收集回用于生活和牲畜用水是每天都不能缺少的，所以要随时保证供应，而用于灌溉用水一年中只用几次，因此保证人畜饮水的蓄水池容积要比回用于灌溉用水所需的蓄水池容积大。

准确确定蓄水池容积需要比较复杂的计算过程，可按实际需水量乘上折算系数简化计算。按第二章已给出的生活、灌溉等回用雨水的需水量，由表4－5查得不同用途的蓄水池容积折算系数。

表 4-5	不同雨量地区蓄水容积折算系数			
雨水用途	不同降雨量所对应的蓄水容积折算系数			
	250mm	400mm	500mm	800mm
生活及养殖业	1.0	0.9	0.8	0.6
灌溉	0.9	0.7	0.6	0.5

根据水量平衡的原理，按照经济合理的原则确定水窖的容积。水窖容积主要根据地形、土质、用途、当地经济水平、技术能力、施工条件等综合因素而确定。

1. 根据选定的窖型确定水窖容积

根据安全、经济、实用原则，可以确定每种窖型合理的窖容，在安全的前提下，同种水窖窖容越大，单方窖容的投资越小，该窖越经济实用，但过大，又降低了安全性。水泥砂浆薄壁窖容积以 $30\sim50m^3$ 为宜；混凝土盖碗窖以 $40\sim60m^3$ 为宜，混凝土球形窖以 $20\sim40m^3$ 为宜，砖砌拱盖窖以 $50\sim100m^3$ 为宜；砖拱窑窖以 $80\sim200m^3$ 为宜。

2. 根据地形土质条件确定水窖容积

窖容的大小必然受当地的地形和土质条件的影响和制约。当地土质条件好，土质密实，地形平坦的地方，窖容可适当大一些；而土质较疏松的地方，如窖容过大，则易产生坍塌。易产生滑坡的坡面及在滑坡体上不宜建窖。

3. 根据用途确定水窖容积

主要用于解决人畜饮水的水窖，其容积一般为 $20\sim40m^3$，用于果园和农田灌溉的水窖一般要求容积较大，以 $50\sim100m^3$ 为宜。

4. 根据经济条件和投入确定水窖容积

水窖容积和结构不同，各地各种窖型可就地取材。修建水窖既要考虑窖型、结构、窖容及使用年限，又要考虑建设方的经济水平。经济条件较好，窖容可选大一些，经济条件较差，投入不足时，窖容可选小一点。

四、蓄水工程形式的选择

选择蓄水工程形式，应当考虑以下一些原则：

（1）用于人饮用水目的的蓄水工程，应尽量采用水窖或采用池顶作得与地面一样高的带顶盖的水池，或者采用建在楼房内的水池。

（2）土质地区建水窖一般要比建水池便宜，所以通常宜采用水窖，有地形条件时可采用水窖。如果蓄水容积大于 $100m^3$，或岩石地区蓄水容积大于 $30m^3$，需要修建蓄水池。

第三节　蓄水工程的施工方法

一、水窖施工

（一）土质水窖的施工方法

土质水窖的施工有两种方法：一种是采取掏挖施工的办法，主要适用于盖碗水窖，要求土质为比较密实的黏性土壤；另一种是大开挖的方法，适用于土质比较松散的情况，或者黏性较差的砂性土壤。

1. 盖碗水窖的施工方法

当水窖拱和底部采用现浇混凝土或砖砌拱时，要先开挖混凝土或砖砌拱的土模。施工时先按水窖最大直径（包括混凝土或砖砌厚度）放圆线，垂直向下开挖出混凝土或砖砌拱内表面的半球形状。在中心处，要按窖颈直径大小留下土模，其高度等于混凝土拱的厚度。土模尺寸要力求准确，表面光滑。然后在土模上铺一层水泥袋纸或塑料薄膜，再浇筑混凝土拱圈。

拌和混凝土时，要严格按照配合比进行称量配料。由于半球地膜的下部具有一定坡度，混凝土容易流淌，所以拌和混凝土时不能加太多的水。一般情况下，每加 1kg 水泥，加水量不超过 0.5kg。浇筑时要用瓦刀和钢钎尽量把混凝土捣实，有条件时最好采用平板式振捣器把混凝土振捣密实。混凝土表面要分两次收光，一次在振实混凝土表面开始泛浆时，一次在混凝土浇筑约 2～3h 后达到初凝（表面轻压无痕）后。收面后再过 6～8h，即可进行洒水养护。在露天情况下一天不少于两次。为了节省养护用水，也可在混凝土表面铺一层塑料薄膜，减少蒸发。

砖砌拱时可采用顺砌，即砖的长边顺水窖的圆周方向。在拱的基座处，先叠砌 3 层，然后起拱。每砌一层砖，铺 1cm 左右厚的水泥砂浆，砖与砖之间要填满砂浆。每层砖按土模形状逐渐向中心收进。如果采用预制混凝土块砌筑拱圈，则预制混凝土块要做成外圈稍大的梯形形状。

混凝土或砖砌拱圈养护时间为夏季 7 天、春季 10～15 天。之后，就可以在拱圈中间的洞口处掏挖窖内的土，开挖时要注意不要把支撑混凝土圈下面的土挖掉，并在窖壁顶留 3～4cm 的土，用锤砸到设计尺寸，再抹水泥砂浆。

窖底混凝土浇筑前，也要对底部 30cm 范围内的基土进行翻夯，或填筑灰土，然后再浇筑混凝土。

水窖内部施工完成后，在拱顶中间的预留孔处安装窖颈。可以采用预制的混凝土管砌筑，管与拱顶以及管之间缝隙用水泥砂浆填塞密实。窖口再安装预制的圆形混凝土板作盖板。窖颈可与窖台做成整体，也可以用砖分别砌筑。水窖掏土法施工的步骤如图 4-16 所示。

2. 圆柱形水窖的施工方法

圆柱形水窖的土方开挖采取大开挖的方式。开挖出基坑后，在基坑内砌筑窖底和侧墙，再砌筑拱形顶盖或安装梁板型顶盖，然后在顶盖上回填土。其施工步骤如下：

（1）放线，在平整土地后，按水窖边墙外沿最大轮廓线（包括混凝土或砌筑挡土墙的最大厚度）在地面上放样。

（2）垂直向下开挖基坑，对于黏土、壤土和砂壤土，在开挖深度超过 3～5m 后（土体越密实，土的黏性越大，垂直开挖的允许深度越大），基坑应有 1∶0.5 的坡度，即垂直向下 1m，开挖口宽每边要向外扩 0.5m。在坡度变化处应修建宽 0.4m 的马道。如果基土为砂土，则不能垂直开挖，从一开始坡度就应为 1∶0.5～1∶0.75 或更缓，因此基坑开口大小要根据开挖深度和边坡预先计算好。圆柱形水窖开挖出土时，仍然可以用三脚架和吊篮的办法。

（3）开挖达到设计深度（包括底板的厚度在内）后，先把基坑底部土壤进行翻夯，或

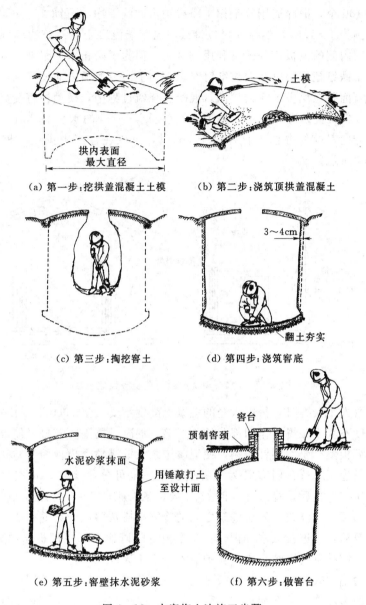

（a）第一步：挖拱盖混凝土土模 　（b）第二步：浇筑顶拱盖混凝土

（c）第三步：掏挖窖土 　（d）第四步：浇筑窖底

（e）第五步：窖壁抹水泥砂浆 　（f）第六步：做窖台

图 4-16 水窖掏土法施工步骤

铺设 30cm 的灰土层。

（4）在夯实的土层或灰土层上浇筑混凝土或砌筑浆砌石。为了使土壁能和墙体共同保持窖的稳定、减少挡土墙的体积，土壁要先进行夯实，挡土墙与土壁之间不允许有空隙。如采用轻型混凝土窖墙的侧墙混凝土和底部混凝土应浇筑成一个整体，可以分两步浇筑：先浇筑底板混凝土，浇筑时要把底板的钢筋伸出来以便与窖墙钢筋相连接；底板浇好后，绑扎边墙的钢筋网，架设窖墙的模型板和支撑，进行墙体混凝土浇筑。如果底板浇筑后，停歇时间超过 4h，就要对混凝土的结合面进行处理，方法是把已浇筑的混凝土放置 24h，使混凝土充分凝固，再把混凝土面仔细用钢丝刷刷毛，或者用小钢钎凿毛，每平方米面积上凿毛不少于 100 个，把碎渣用笤帚扫干净或用水冲洗干净，再铺 2～3cm 厚的砂浆（水泥与砂浆的比例为 1：1.5），然后才可以继续浇筑窖墙混凝土。浇筑边墙混凝土时要架立模型板，可只架内侧的模板，外模可利用坑基壁，但为了防止水泥浆液渗入土内，降低混凝土强度，应用铁钉把一层废水泥袋纸钉在土表面上。模型板表面要光洁，板的拼缝要平整、严密，浇筑前要在模板上涂废机油。混凝土浇筑过程中，模型板将受到很大的力，因此架立要牢固，保证浇筑时不变形。如果浇筑直径小于 3m 的水窖墙体时，模型板的架立可以用在直径方向对撑的办法。直径大于 3m 时，可以在窖底中央设木桩斜向支撑的办法，如图 4-17 所示。

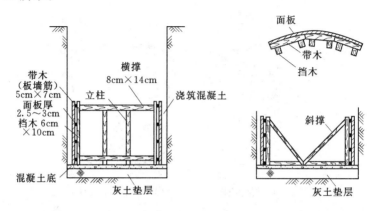

图 4-17　水窖现浇混凝土模型板架立方法

混凝土采取人工振捣时，每次入仓的混凝土高度不要大于 20cm；采用振捣棒振捣时，铺混凝土的厚度不大于振捣棒作用部分的 1.2 倍。混凝土捣固要充分，使混凝土中浆液浮出表面。在模型板侧，要用钢钎插捣，使混凝土浆液铺满整个模型面，防止蜂窝麻面。混凝土浇筑要尽量连续进行，但有时为节省模型板，也可分段浇筑，每次浇筑高度 1m 左右。混凝土浇筑到段顶后，夏天应等待 1～2 天，冬天应在 2～3 天后拆除模板，再架设上一层模型板，继续往上浇筑。两次浇筑之间的冷缝，应按照已介绍的办法处理。

混凝土浇筑后，应进行洒水养护。在模型板拆除以前，可在模板与混凝土缝间浇水。模型板拆除后，应挂草袋继续洒水。养护应不少于 7 天。

如果窖墙为重力式的，则墙与底板之间应设沉陷缝。沉陷缝可采用 4 层油毛毡（或沥青玻璃丝布）两边涂沥青粘合而成（4 毡 5 油）。在浇筑底板时，在底板四周先铺一层沥青玻璃丝布或油毛毡，要比底板周边宽出 50～80cm，以便砌筑边墙时压在墙的基础下。底板浇筑好后，把预制的 4 毡 5 油贴在底板的四边上，在砌筑墙体时把预制填缝材料压在墙和底板间，空隙之间用水泥砂浆填实。

墙体如采用砌筑预制混凝土块时，混凝土块要做成外圈比内圈稍大一些的梯形形状，以便能围成圆形。

（5）浆砌石的施工要采取坐浆砌筑的办法。地基土先进行翻夯处理后，即可进行砌筑。先在地基上铺 3～5cm 厚的水泥砂浆，把块石大面朝下，用力揿入砂浆层内，使砂浆涌起围住石块四周。石块要预先洒水把表面弄湿。在砌相邻的石块时，要逐块在块石侧面抹上砂浆，把下一块石尽量靠紧，挤入砂浆层中，特别要注意在块石的下部也要挤入砂浆。砌完一层后，在第一层块体上再铺一层砂浆，铺浆时，用钢钎把砂浆用力捣入下层块石的缝隙中，使缝隙中浆液饱满。然后用同样方法砌上面一层。在砌筑中要求做到"平、稳、紧、满"。浆砌石还应注意以下几点：

1）砂浆初凝以后不能再在砌石体上敲打石块，以防出现裂缝。

2）厚度较大的砌体应先从外围的边行开始砌筑，用于定位的镶面石应当选用坚硬平整的石块。

3）砌体每层厚度大约30cm左右，但由于石块大小不一致，为保持水平上升，每砌筑3层应找平一次。砌筑应错缝搭接、避免通缝，当砌筑中断时，应留成台阶槎，对最后一层石块的缝隙应填塞砂浆及小石，再次砌筑时应清除泥污和松散的砂浆，浇水湿润后再进行砌筑。

砌筑完毕后，应进行勾缝。勾缝的主要作用是加强灰缝抵抗水流冲刷和环境风化的能力。一般浆砌石的砂浆为M10，而勾缝可以用M15。勾缝前，先将缝槽洗刷干净，勾缝要自上而下做成平缝。

（6）顶盖安装预制板梁系统。如果工程地点附近有混凝土预制构件厂，则最好能购买现成的产品，以避免预制的许多麻烦。如果没有现成的预制构件厂，应由进行集雨工程建设的施工单位现场预制。

（7）浆砌石拱或砖拱顶盖的施工。浆砌石或砖砌拱都需要搭拱架，拱架若用木料搭设，造价较高；若用砖砌成拱架，则比较费工。浆砌石拱时，应选好石料，最好采用毛料石砌筑，对一般的块石，应进行加工后再砌筑。拱顶应留出进人孔的位置。

（8）安装或砌筑窖颈和窖台并覆土回填。等混凝土或浆砌石中水泥砂浆养护硬化15天后，就可以安装或砌筑窖颈，然后进行土方回填。对回填土应当进行夯实，防止遇水后产生沉陷。

（二）岩石内的水窖施工方法

岩石内水窖施工采用大开挖的方法。其步骤和土质水窖的施工基本相同。不同的是在岩石内开挖要进行爆破施工。对于松软破碎的岩石，也可以用风镐、洋镐、钢钎等挖掘。为了防止对岩石体的破坏，要采取打浅孔、多循环、放小炮的办法。打孔深度可为1m左右，开挖要分层进行，在靠近基坑周边的部位，要用风镐或人力开挖。爆破施工技术性要求较高，又容易发生安全问题，因此一定要请专门技术人员来指导施工，以保证质量，防止事故。

基坑挖好后，如果岩石比较完整坚硬，可以只在岩石面上抹水泥砂浆防渗。施工时，应先对岩石面进行凿加工，使岩面尽量平整，然后在岩石面上分几次共抹3～4cm厚的水泥砂浆。砂浆采用M10级。为加强防渗，在砂浆面上再用纯水泥浆水刷2～3次。如果岩石比较破碎，需要用混凝土或浆砌石作挡土墙进行支护。

水窖顶盖一般采用平顶，同样也需要修建进人孔，其做法和土质水窖相同。最后，在顶盖土覆盖或堆放开挖出来的石渣，作为隔热层，使夏季水温不致太高而影响水质。有的地方为了减少石方开挖，在地面上用浆砌石垒起少部分窖身。此时在地面以上的墙体也要用石渣堆在周围，用来隔热。

岩石内水窖施工要特别注意安全。应随时观测开挖中的土体周围有没有裂缝，土体有没有下沉变形；应及时采取临时支护措施，保证安全。如果发现土体有宽大裂缝，且变形正在发展，应放弃此窑址。

二、水窑施工

1. 土质地区水窑

土质地区的水窑施工应先开挖工作窑，进入窑内后再向下开挖蓄水窑。与水窖开挖相同，窑壁开挖尺寸要比设计的尺寸每边各小 3～4cm，开挖完成后，再砸实至设计尺寸。蓄水窑的胶泥或水泥砂浆抹面施工方法与水窖的相同。在不蓄水的拱顶，用草泥抹面 1～2 层。

2. 岩石地区隧洞式水窑

隧洞式水窑内岩石的开挖一般采取钻孔爆破的方法。应先开挖洞口，并用混凝土或浆砌石进行衬砌后再进洞。进洞处洞顶以上岩石的高度应不小于 5～8m（如岩石较坚硬，整体性好，可按小值），否则，要先明挖一段，待上部岩石覆盖厚度达到一定数值后再进洞。当断面较高时，可以分层施工，先开挖上部，再开挖下部。工作面放一次炮后，应观测是否有哑炮，确信所有炮眼已经爆炸，等炮烟完全消散后，即进行出渣。开挖中应尽量减少超挖，对比较松软的岩石，可以在爆破中比设计的尺寸预留 10cm 左右的岩石，然后再用风镐或人力开挖。施工中应注意使洞底按设计坡度开挖。对松散容易坍塌的岩层，要随挖随衬砌，防止塌方。隧洞开挖是专业性很强的工作，应在专业人员指导下进行。

三、蓄水池施工

蓄水池的施工，与大开挖方式施工的圆柱形水窖的施工方法基本相同。采用浆砌石作边墙时，应使砌体紧贴基坑壁，如块石和坑壁之间有空隙时，要用水泥砂浆填塞。浇筑混凝土墙时，可以利用坑基壁做外模。当蓄水池顶高于地面时，浇筑混凝土墙还需要架设外模板，此时应特别注意做好模板的支撑，防止模板在浇筑时变形。由于蓄水池混凝土方量一般比较大，难以做到一次连续浇筑完，应做好施工缝的处理。

第四节　雨水集蓄工程管理

一、蓄水工程的维护管理

（一）窖（窑）工程的维护

1. 窖（窑）工程正常运行的基本要求

（1）在一般干旱年份，保证正常蓄水，发挥节水灌溉效益。

（2）蓄水后渗漏量小。即夏秋季蓄满水后，到第二年春夏灌溉时，蓄水位下降不超过 0.6m。

（3）窖内淤积泥沙厚度不超过 1.0m。

（4）窖体完好无损，防渗层无脱落现象。

2. 窖（窑）管护工作的主要内容

（1）适时蓄水。下雨前要及时整修清理进水渠道、沉沙池，清除拦污栅前杂物，疏通进水管道。当窖水蓄至水窖上限时（即缸口处）要及时关闭进水口，防止超蓄造成窖体坍塌。引用山前沟壕来水的水窖，雨季要在沉沙池前布设拦洪墙，防止山洪从窖口漫入窖内，淤积泥沙。

（2）检查维修工程设施。要定期对水窖进行检查维修，经常保持水窖完好无损。蓄水期间要定期观测窖水位变化情况，并做好记录。发现水位非正常下降时，分析原因，以便采取维修加固措施。

（3）保持窖内湿润。水窖修成后，先用水灌入窖内，群众称为养窖水。用胶泥防渗的水窖，窖水用完后，窖底也必须留存一定的水，保持窖内湿润，防止干裂而造成防渗层脱落。

（4）做好清淤工作。每年蓄水前要检查窖内淤积情况，当淤积轻微时当年可不必清淤，当淤深大于1m时，要及时清淤，不然影响蓄水容积。清淤方法可因地制宜。可采用污水泵抽泥，窖底出水管排泥、人工窖内掏泥等。

（5）建立窖权归用户所有的管理制度，贯彻谁建、谁管、谁修、谁有的原则。

3. 检查渗漏的主要方法

（1）窖内观察。当水窖蓄水后水位下降很快或蓄不住水时，说明水窖防渗质量有严重问题，应利用晴天中午太阳光直射窖底时下窖仔细检查窖底和窖壁各部位，是否有裂缝、洞穴发生，标出位置，并分析渗漏原因。如窖内蓄水全部渗漏，说明是窖底渗漏；如窖底仍有少量水（水深0.3～0.5m），那主要是窖壁渗漏。要仔细察看各部位情况，可在晴天无云阳光强烈的中午用反光镜（较大镜面）沿窖壁四周从下往上仔细观察，如仍找不到原因，就必须下窖察看。

（2）蓄水观测。雨季窖内蓄满水后（或引外来水入窖），每天定时观测窖内水位，做好记录，从水位下降速度中找到窖壁渗漏部位或窖体防渗质量。

4. 处理渗漏的主要措施

水窖渗漏主要表现在窖底渗漏、窖壁渗漏、出水管渗漏三个方面。

（1）窖底渗漏。多为基础处理不好，地基承压力不够或防渗处理达不到设计要求，一般表现有空洞渗漏或地基由于渗漏湿陷而产生裂缝渗漏。此种情况必须翻拆，将原窖底混凝土拆除，加固夯实基础，再按设计要求对窖底进行混凝土浇筑和防渗处理。若是底部混凝土浇筑不密实，配合比不当，表面成为砂面，产生整体慢性渗漏，这要进行加固处理。将原底部混凝土打毛清洗后浇筑C20混凝土，厚度5cm，然后进行防渗处理，同时要注意处理好窖底、窖壁整体结合的防渗工作。

（2）窖壁渗漏产生的主要原因：一是窖体四周土质不密实或有树根、鼠穴、陷洞等；二是防渗处理没按设计要求施工，防渗砂浆等级不够，防渗层厚度不够，或施工接茬不好。处理措施：一是将树根、洞穴清除，深掘直到将隐患部位彻底清理，然后用土分层捣实，接近窖壁时用混凝土或砂浆加固处理，最后墁壁防渗；二是将窖壁用清水刷吸，清除泥土后用1∶2.5水泥砂浆墁壁一层，厚1.5cm，最后用水泥防渗浆刷面3遍，并注意洒水养护。

（3）出水管渗漏多是出水管与窖壁结合部位渗漏，主要是止水环布设欠妥或施工处理不仔细。止水环要布设在窖内进水管首段，管外壁紧套二道橡胶垫圈，出水管四周用碎石混凝土浇筑，窖壁再进行墁壁和防渗处理。出水管的末端要用砂浆砌石或砌砖修建镇墩，防止管道摇晃，避免出水管与窖体间产生裂隙。

（二）蓄水池维护

1. 蓄水池正常运行的基本要求

小型农用蓄水池的作用与水窖基本相同，但因其结构型式多种多样，开敞式与封闭式蓄水池功能也不完全相同。

（1）在正常平水年，池内要蓄满水，保证节水灌溉需要。

（2）池内蓄水后，渗漏损失小，封闭式蓄水池和水窖蓄水要求相同。

（3）池内泥沙淤积轻微，当年淤积厚度不超过0.5m（蓄水池多建在缓坡、平川地带，来水中泥沙较小）。

（4）池体完好无损。

2. 蓄水池管护工作内容

（1）适时蓄水。蓄水池除及时收集天然降水所产生的地表径流外，还可因地制宜引蓄外来水（如水库水、渠道水、井泉水等）长蓄短灌，蓄灌结合，多次交替，充分发挥蓄水与节水灌溉相结合的作用。

（2）检查维修工程设施，要定期检查维修工程设施，蓄水前要对池体进行全面检查，蓄水期要定期观测水位变化情况，做好记录。开敞式蓄水池没有保温防冻设施冬季不蓄水，秋灌后要及时排除池内积水，冬季要清扫池内积雪，防止池体冻胀破裂。封闭式蓄水池除进行正常的检查维修外，还要对池顶保温防冻铺盖和池外墙填土厚度进行检查维护。

（3）及时清淤。开敞式蓄水池可结合灌溉排泥，池底滞留泥沙用人工清理。封闭式矩形池清淤难度较大，除利用出水管引水充沙外，只能人工从检查口提吊，当淤积量不大时，可两年清淤一次。

二、集雨配套设施的维护管理

水源工程是雨水集蓄工程的主体，配套设施也是其中不可缺少的组成部分。

（一）集水场维护管理

集水场主要指人工集水场。有混凝土集水场、塑膜覆砂、三七灰土、人工压实土场（麦场或简易人工集水场）、表土层添加防渗材料等多种形式。

1. 维护管理的内容

维护人工集水设备的完整，延长使用寿命，提高集水率。

2. 主要管理措施

（1）设置围墙。在人工集水场四周打1m高的土墙，可有效地防止牲畜践踏，保持人工集水场完整。

（2）冬季降雨雪后及时清扫，可减速轻冻胀破坏程度，对混凝土集水场和人工土场均有良好的效果。

（二）沉沙池维护管理

我国北方地区水土流失严重，而雨水集蓄工程主要集蓄雨洪径流，来水中含沙量大，因此合理设置沉沙池和加强对沉沙池的管护至关重要。沉沙池管护的内容如下：

（1）每次引蓄水前及时清除池内淤泥，以便再次发挥沉沙作用。

（2）冬季封冻前排除池内积水，使沉沙池免遭冻害。

（3）及时维修池体，保证沉沙池完好。

思 考 题

1. 农村集雨净化设施有哪些？画图说明拦污栅的设置位置。
2. 农村集雨净化设施的作用是什么？
3. 画农村集雨利用工程的工艺流程图。
4. 沉沙池的类型有哪些？
5. 其他辅助净化设施有哪些？
6. 水窖的类型有哪些？位置如何确定？

第五章　城市雨水利用与管理

第一节　城市雨水利用概述

一、城市雨水利用的含义

城市雨水的利用实际上是一个含义非常广泛的词，从城市到农村，从农业、水利电力、给水排水、环境工程、园林到旅游等许许多多的领域都有雨水利用的内容。城市雨水利用可以有狭义和广义之分，狭义的城市雨水利用主要指对城市汇水面产生的径流进行收集、储存和净化后利用；我们说的是广义的城市雨水利用，可做如下定义：在城市范围内，有目的地采用各种措施对雨水资源的保护和利用，主要包括收集、储存和净化后的直接利用；利用各种人工或自然水体、池塘、湿地或低洼地对雨水径流实施调蓄、净化和利用，改善城市水环境和生态环境；通过各种人工或自然渗透设施使雨水渗入地下，补充地下水资源。因此，城市雨水利用是一种多目标的综合性技术。目前应用的技术可分为以下几大类：分散住宅的雨水收集利用系统，建筑群或小区集中式雨水收集利用系统，分散式雨水渗透系统，集中式雨水渗透系统，屋顶花园雨水利用系统，生态小区雨水综合利用系统（屋顶花园、中水、渗透、水景），运动场雨水利用系统等。

二、城市雨水利用类型

（一）集雨利用

城区集雨利用，是指收集屋面、操场、广场、道路等不透水垫面上的降雨，处理回用。广场、道路对降雨污染较重，雨水水质较差，处理难度较大。而屋面、操场对降雨污染较轻，水质较差的初期雨水弃除后，经过简单的处理可收集利用。目前，屋面和操场雨水收集利用技术比较成熟，正积极推广。

1. 屋顶集雨

屋面集雨利用包括：屋面雨水的收集传输、初雨处理、储存、曝气、利用。

2. 操场集雨

操场雨水的收集利用分三种方法进行：一是在渗水型足球场下埋暗管集雨；二是跑道内缘环暗沟集雨；三是篮排球运动场集雨。

3. 路面集雨

路面雨水收集可以采用雨水管、雨水明（暗）渠等方式传输，净化处理后进入蓄水池回用。也可以利用道路两侧的低绿地或有植被的自然排水浅沟作为路面雨水收集截污系统。

4. 广场集雨

广场雨水收集方式与路面类似，其径流量较集中，径流水质会受广场上人们活动及车辆泄漏等的影响，需要采取有效的截污措施。

（二）雨水入渗

（1）渗水性运动场。

（2）下凹式渗水草坪。

（3）车行渗水性路、人行渗水性路。

（4）嵌草砖铺装和毛石嵌草铺装雨水入渗。

（5）利用辐射井雨季收集雨水回灌补给地下水。

（三）屋顶绿化雨水利用

屋顶绿化可作为雨水集蓄利用和渗透的预处理措施。

三、雨水利用系统分类

根据用途不同，雨水利用系统分为土壤入渗系统、收集回用系统和蓄存排放系统。

（1）土壤入渗系统由雨水收集、入渗设施等组成。

（2）收集回用系统由雨水收集、处理和储存、回用管网等组成。

（3）蓄存排放系统由雨水收集、储存调蓄设施和排放管道等组成。

四、城市雨水水质特征

城区雨水初期径流污染物浓度一般都很高，是需要重点控制的，一般设置弃流设施将其弃除。北京雨水径流COD、SS指标偏高，城市径流污染主要来自汇水面的污染，城郊的新建小区、公园或环境好的开发区，雨水径流通常明显优于城市中心区径流水质。街区路面和油毡屋面初期每升径流中COD通常达上千毫克，COD、SS、TN、TP、合成洗涤剂、酚、石油类和重金属铅一般为主要的污染指标，应采取有效的初期雨水控制措施和雨水净化措施。路面径流的主要污染物COD、SS、TN、TP和部分重金属的初期浓度和加权平均浓度都比屋面高。绿地汇流的雨水径流，由于植物、土壤的吸收截纳作用，一般水质较好，但如果绿地植被覆盖较差，或呈裸露状态，暴雨也容易冲刷出大量泥沙，对管道、水体和回灌设施造成很大危害，应通过预处理设施去除。

城市雨水水质的检测指标一般有：有机物（COD/BOD），悬浮固体（SS），pH值，浊度（NTU），植物营养物（TP、TN），石油类，某些重金属和粪大肠菌群等。

五、城市雨水利用的意义

现代城市雨水利用是一种新型的多目标综合性技术，其技术应用有着广泛而深远的意义，可实现节水、水资源涵养与保护、控制城市水土流失和水涝、减轻城市排水和处理系统的负荷、减少水污染和改善城市生态环境等目标。

具体讲，包括下列方面：

（1）雨水的集蓄利用，可以缓解目前城市水资源紧缺的局面，是一种开源节流的有效途径。

（2）雨水的间接利用，将雨水下渗回灌地下，补充涵养地下水资源，改善生态环境，缓解地面沉降和海水入侵，减少水涝等。

（3）雨水综合利用，利用城市河湖和各种人工与自然水体、沼泽、湿地调蓄，净化和利用城市径流雨水，减少水涝，改善水循环系统和城市生态环境。

对于城市合流制排水管道，会减轻污水处理厂的负荷和减少污水溢流而造成的环境污染。对于分流制排水管道，会减轻市政雨水管网的压力，减轻雨水对河流水体的污染，同时，也会减轻下游的洪涝灾害。

总之，城市雨水利用是解决城市水资源短缺、减少城市洪灾和改善城市环境的有效途径。将雨水利用与雨水径流污染控制、城市防洪、生态环境的改善相结合，坚持技术和非技术措施并重，因地制宜，择优选用，兼顾经济效益、环境效益和社会效益，标本兼治，有利于城市的可持续发展。

第二节　雨水集蓄利用水量分析

对雨水收集范围内的各种水量进行计算，并进行水量平衡分析，是确定雨水利用方案、设计雨水利用系统及各构筑物的一项重要工作。

一、可集蓄利用雨水量的计算

如果不考虑初期雨水的弃流和季节折减的影响，平均每年可收集径流雨水总量可按下式估算：

$$W_1 = \psi H A \tag{5-1}$$

式中　W_1——年均可收集径流雨水总量，m^3；

ψ——径流系数，即同一时段内流域上的径流量与降水量之比，为小于 1 的无量纲常数，可参考表 5-1 提供的经验数据选用；

A——汇水面面积，m^2；

H——多年平均降雨量，降雨量应根据当地近 10 年以上降雨量资料确定，m。

表 5-1　　　　　径流系数

地面种类	ψ值	地面种类	ψ值
瓦屋面、混凝土和沥青路面	0.85～0.9	非铺砌土路	0.30
大块石铺砌面和沥青	0.6	植被屋面	0.30
表面处理的碎石路面		公园和绿地	0.15
级配碎石路面	0.45	居住区	0.5～0.70
干砌砖石和碎石路面	0.40	商业区	0.55～0.80

当考虑降雨季节的不均匀性和初期雨水的弃流时，还应分别乘以季节折减系数和初期弃流系数。季节折减系数是考虑到城市非雨季的降雨量很小时，难以形成径流并收集利用的情况；初期弃流系数是扣除一部分弃掉的雨水量。如北京的季节折减系数可近似按 0.85 计估算。当汇水面积较大或污染较大时，可相应减小弃流系数或根据设计的弃流量计算初期弃流系数。

二、雨水回用水量的分析计算

雨水工程设计应合理确定雨水回用量，充分提高雨水处理设施的利用率。雨水可回用于水面景观用水，循环冷却水补水，绿化灌溉用水，路面和地面压尘冲洗用水，冲厕用水，消防用水，回灌地下水。

1. 雨水冲厕

雨水用于冲厕的用水量按照《建筑给水排水设计规范》（GB 50015—2009）中的用水定额表5-2及表5-3中规定的百分率计算确定。

表5-2　　　　　　　　各种建筑物冲厕用水量定额及小时变化系数

类别	建筑种类	冲厕用水量 /平均1日	使用时间 /(h/d)	小时变化系数 K_h	备　注
1	别墅住宅	40~50	24	2.3~1.8	
	单元住宅	20~40	24	2.5~2.0	
	单身公寓	30~501	16	3.0~2.5	
2	综合医院	20~40	24	2.0~1.5	有住宿
3	宾馆	20~40	24	2.5~2.0	客房部
4	办公	20~30	10	1.5~1.2	
5	餐饮、酒吧场所	5~10	12	1.5~1.2	工作人员按办公楼计
6	百货商店、超市	1~3	12	1.5~1.2	工作人员按办公楼计
7	小学、中学	15~20	8	1.5~1.2	非住宿类学校
8	普通高校	30~40	16	1.5~1.2	住宿类学校
9	剧院、电影院	3~5	3	1.5~1.2	工作人员按办公楼计
10	展览馆、博物馆	1~2	2	1.5~1.2	工作人员按办公楼计
11	车站码头机场	1~2	4	1.5~1.2	工作人员按办公楼计
12	图书馆	2~3	6	1.5~1.2	工作人员按办公楼计
13	体育馆类	1~2	2	1.5~1.2	工作人员按办公楼计

表5-3　　　　　　　　各类建筑物冲厕给水百分率　　　　　　　　%

项目	住宅	宾馆、饭店	办公楼、教学楼	公共浴室	餐饮、酒吧
冲厕	21~25	10~14	60~66	2~5	5~7

2. 市政杂用水使用雨水

市政杂用水包括绿化灌溉、道路喷洒压尘、洗车、建筑工地用水等。常用市政杂用水供水标准可以按表5-4来选取。

表5-4　　　　　　　　常用市政杂用水定额

用　途		用水量指标
绿化		2L/(m² · d)
喷洒道路		1L/m² 次，每2天1次
冲洗汽车，冲洗时间为10min	小轿车	30~50L/辆次
	公共汽车、载重汽车	50~80L/辆次
车库地面冲洗		2~3L/m²

3. 环境景观用水量

环境景观用水量包括补充河湖池塘、景观水体、人工瀑布、喷泉等，应根据当地水面蒸发量和水体渗透量综合确定。

4. 锅炉供暖用水和冷却用水量

锅炉供暖用水和冷却用水量，应首先弄清供暖用水、冷却用水量及冷却水使用方式（直流、循环）、冷却方式（间接或直接冷却）、冷却水系统形式、设备材质等。

三、雨水利用量平衡分析

根据建筑区各种输入水量、输出水量和循环水量的计算，应进行全区水量总体平衡分析，绘制区域全部水量平衡分析图或列表计算。根据分析结果，不断进行调整和方案比选，最后确定雨水收集量、雨水渗透量、雨水调蓄量和溢流排放量。

四、拟建区雨水利用规划分析

1. 拟建区用水量分类

（1）拟建区新水量，即拟建区在一定时期内的所有用水系统的新水量，指第一使用的来自市政府管网和园区自备井地下水量。

（2）重复利用水量，指同一用水系统中的循环和回用水量，如冷却循环用水。

（3）再生水回用水量，是拟建区一定时期内被用过的水经适当处理后再用于园区各水系统的水量，如区内污水水源的再生水回用水量，或由市政再生水系统提供的回用水量。

（4）拟建区可收集径流雨水量，包括屋面、路面、绿地等汇水面上汇集的雨水径流量。需要根据多年的年均降雨量、月均降雨量曲线、一定重现期下的最大日降雨量和一场雨降雨量来进行分析。因为屋面雨水水质较好，便于收集利用，是首先考虑的对象，根据雨水收集范围，可分别计算不同汇水面的径流雨水量。

2. 拟建区外排水量

（1）拟建区污（废）水外排水量，包括区内未经处理或经过处理以后外排的污（废）水量。

（2）拟建区雨水溢流外排水量，包括区内未收集利用的和超过雨水储存设施调蓄能力的溢流外排水量。可以按有无雨水利用系统分别计算。

3. 拟建区雨水下渗和回灌水量

区内雨水下渗和回灌水量，包括各种渗透设施和回灌设施下渗补充地下水的雨水和经过深度处理后的再生水水量。

4. 拟建区漏失水量

（1）水体蒸发和漏失水量，包括湖泊池塘水体的蒸发和渗漏水量，可以分别根据当地多年平均（年或月）蒸发水量和湖泊池塘的渗漏能力计算求出。

（2）其他过程漏失水量，包括管网、用水器具等过程的漏失水量，可按相应用水量的一定比例进行估算。

5. 拟建区水量总体平衡分析

根据拟建区各种输入水量、输出水量和循环水量的计算，应进行全区水量总体平衡分析。绘制拟建区全部水量平衡分析图或列表计算，根据分析结果，不断进行调整和方案比选，最后确定雨水收集量、雨水渗透量、雨水调蓄量和溢流排放量。可以参照表 5-5 示例来进行。表5－6是某拟建住宅小区利用景观水体调蓄利用雨水按月进行计算的水量平衡分析表。

表 5－5　　水量平衡分析表

项目\n月份	径流雨量\n/(m³/月)	补水量\n/(m³/月)	蒸发量\n/(m³/月)	回用水量\n/(m³/月)	损失量\n/(m³/月)	水量差\n/(m³/月)	水体水位\n/m	已使用的\n调蓄高度\n/m	剩余调蓄\n高度/m	外排水量\n(以溢流水\n位为准)\n/(m³/月)	额外补水量\n(以常水位\n为准)\n/(m³/月)
	(1)	(2)	(3)	(4)	(5)	(6)	(7)	(8)	(9)	(10)	(11)
1											
2											
3											
4											
5											
6											
7											
8											
9											
10											
11											
12											
合计											

表 5－6　　水量平衡分析表示例

供水情况		用水情况		水量盈亏情况/m³
项目	数量/m³	项目	数量/m³	
市政管道自来水		住宅生活用水		
		公共建设用水		
		其他用水和漏失		
自备水源井水		住宅生活用水		
		公共建筑用水		
		其他用水和漏失		
新鲜水供水量小计		新鲜水供水量小计		
重复利用水量\n　再生水量\n　雨水量\n　其他水源\n　小计		绿化用水		
		喷洒道路用水		
		人工水体补充水		
		冷却循环补充水		
		洗车用水		
		冲厕用水		
		景观环境娱乐用水		
		其他用水和漏失蒸发		
供水量总计		用水量总计		

<h1 style="text-align:center">第三节　雨洪利用技术导则</h1>

一、总则

依据《北京市节约用水若干规定》和《关于加强建设工程用地内雨水资源利用的暂行规定》，为充分开发利用雨水资源，缓解北京市水资源紧缺状况，减轻市区和城镇地区的防洪压力，改善水生态环境，应实施雨洪利用工程。

为适应雨洪利用工作的需要，北京市的雨洪利用工程建设应有一个合理、可行、统一的衡量尺度，提高雨洪利用工程的建设质量和管理水平，促进雨洪利用事业的健康发展，因此，特制定本技术导则。

雨洪利用的基本原则是，减少开发建设区域内的雨水外排流量和水量，并控制在允许的范围内。

本导则适用于北京地区或与其气候条件类似的北方地区的新建、扩建或改建工程（包括各类居民生活住宅区、学校、工厂、宾馆饭店、商业区其他各种开发区，以及广场、停车场、道路、桥梁和其他构筑物等建设工程）的雨洪利用规划和设计。

在实施雨洪利用工程过程中，除执行本导则外，涉及其他专业时，还应符合相应规范、标准的要求。

二、一般规定与基本概念

1. 一般规定

雨水利用工程建设必须注重效益、保证质量、加强管理，做到因地制宜、经济合理、技术先进、运行可靠。

雨水利用工程已建立健全管理组织各规章制度，切实发挥减轻城市防洪压力、增加可用水量、美化环境、改善生态的作用。

雨水利用工程应提倡科学试验，做好典型示范，注意引进使用新技术，鼓励技术创新，不断总结和推广先进经验，使这项技术不断完善和发展。

2. 基本概念

（1）初期径流。初期径流是指在一次降雨过程中，初始阶段形成的污染物含量较高的径流。

（2）渗透系数。渗透系数又称水力传导系数，为单位水力梯度下的流速，表示流体通过孔隙骨架的难易程度。

（3）回灌井。人工修建的将水直接回补到地下含水层的构筑物。回灌井的构造与大口井和管井的构造相同，不同在于大口井和管井是从地下抽水，回灌井是将地面水回灌为地下水。

（4）排水体制。在排水系统中，污水和雨水的输送方式复杂，很少有简单和理想的系统；常规排水主要有合流制和分流制两种体制。

合流制排水系统是将生活污水、工业废水和雨水混合在同一个管渠内排除的系统；分流制排水系统是将生活污水、工业废水和雨水分别在两个或两个以上各自独立的管渠内排除的系统。

（5）透水地面。由透水性的面层、具有一定蓄水空间地透水性垫层和弱渗透性基础构成的能够透水、滞流和渗排雨水的地面。主要包括透水砖地面、草坪砖地面、透水沥青地面等类型。

（6）径流系数。径流系数是某一时段内的径流深度与降雨深度的比值，反映了研究区域入渗、填凹、滞留等消纳降雨的能力或产流能力。

三、城市雨洪利用规划

1. 基本资料

（1）气象资料。工程所在地近 10 年以上的年、月、日降雨量和不同历时的降雨量和雨强，并进行频率分析，得出相应的暴雨强度与设计频率和历时之间的关系曲线。同时对水面蒸发资料进行相应的频率分析。无实测资料的地区，可参考《北京市水文手册》或市政暴雨强度公式计算求得短历时暴雨强度和降雨量。

（2）地形和地质资料。建设区的地形、土壤、地质和水文地质等方面的基本资料。应当有比例尺大于 1/500 的地形图。

（3）地下管线及构筑物资料。建设区现状地下管线和地下构筑物位置、深度、结构等方面资料。应当有比例尺大于 1/500 的综合管网图。

（4）人文及政策性资料。建设区域的人文及社会经济状况资料，相关的政策、规定等资料，各种开发建设规划和专业规划等方面的基本资料。

（5）其他基本资料。对于在居民区实施的雨洪利用工程，应当对房屋的总数、每栋楼的层数、居住单元数和人数等居民情况进行调查。

对拟作为集雨面的屋顶、庭院、道路、广场等的面积进行测量，并查看集雨面的结构和材料性质。

对当地水泥、钢筋、石灰、土工布以及砂、石、砖、土料等建筑材料产地、产量、质量、单价、运距等进行调查。

2. 基本要求

凡是新开发建设或改、扩建的区域，面积在 10000m^2 以上的，都应当先进行雨洪规划，再进行工程设计。面积小于 10000m^2 的区域，可直接进行雨洪利用工程的设计。

雨洪利用规划应以批准的当地城镇总体规划为主要依据，并与排水工程规划、防洪规划和生态环境建设规划等专项规划相协调。

雨洪利用实施区域内的排水制度应为分流制。

3. 规划内容

城市雨洪利用规划的基本内容应包括以下各项：

（1）制定区域内的雨洪利用规划的目标、原则和标准。

（2）估算区域内的雨洪可利用量。

（3）提出各地块的雨洪控制与利用的要求。

（4）根据建筑物屋顶、庭院、道路等硬化地面和绿地的基本雨洪利用模式，结合区域的地质条件、用地性质等因素，制定区域内不同类型地块的雨洪利用基本方案。

（5）估算方案实施后的雨洪利用效果。

（6）进行投资估算和经济、社会、环境效益分析。

4. 雨洪利用原则和标准

（1）雨洪利用原则。制定区域雨洪利用的原则，就是要确定目标区域内雨水外排的流量和水量的允许控制范围，可用外排流量的洪峰汇流系数反映，并与雨洪利用的标准相关。

（2）雨洪利用标准。雨洪利用标准是指所规划或设计的雨洪利用工程应当能够控制和利用的降雨标准，通常用重现期反映。重现期的确定应依据区域的地形、地质、用地状况、重要性等因素分析确定。同一区域中可采用不同重现期。重现期一般选用1～10年，可依照表5-7选取。

表5-7 雨洪利用标准选取表

建设后用地类型	10m内地质条件	重现期/年
居民小区 工业区 商务区	黏土	1～2
	粉土—细砂	2～5
	中砂—砂砾	4～8
	卵石	5～10
公园 绿地	黏土	1～3
	粉土—细砂	3～6
	中砂—砂砾	5～10
	卵石	8～10

（3）洪峰汇流系数。对于不同类型的开发建设区域的雨洪利用的原则和标准可依照表5-8取值。

表5-8 雨洪利用的区域洪峰汇流系数控制范围

建设前土地类型	雨洪利用标准	次降雨洪峰汇流系数
农田、荒地、绿地、湿地	1年一遇	0.15
	2年一遇	0.20
	5年一遇	0.30
已建设土地	1年一遇	0.20
	2年一遇	0.30
	5年一遇	0.50

5. 可利用水量

雨洪可利用量估算应当依据土地利用现状以及相关资料，计算得出现状多年平均汛期产流量，再依据规划后的土地利用情况，计算汛期产流量。依据开发建设后不增加径流系数的标准估算出需要控制和利用的雨洪量。

开发建设前径流系数可参照表5-9选取。

6. 雨洪利用的基本模式

规划区内的用地可划分为开发建设地块、地块周边道路、公共绿地3类。开发建设地块内主要有屋顶、绿地、硬化地面3种下垫面类型。针对不同的下垫面有相应的雨洪利用基本模式，可根据区域的气象和水文地质条件，分别研究并选择雨洪利用模式，确定这个地块和整个区域的雨洪利用方案。

表 5-9　　　　　　　　　　建设前不同区域的径流系数参考值

用地类型	土壤质量	坡度	径流系数
林　地			0.15~0.25
公园、墓地			0.15~0.25
草地	砂性土	<2%	0.10
		2%~7%	0.15
		>7%	0.20
	黏性土	<2%	0.17
		2%~7%	0.22
		>7%	0.35
裸地	砂性土	0~5%	0.30
		5%~10%	0.40
	黏性土	0~5%	0.50
		5%~10%	0.60
居住区			0.5~0.70
商业区			0.55~0.80
混凝土、沥青路面			0.85
级配碎石路面			0.45
干砌砖和碎石路面			0.30

（1）屋顶雨水利用模式。

1）直接收集利用。直接收集屋顶雨水，经处理后进入蓄水池，蓄水池的雨水可用于灌溉绿地、冲洗厕所、补充景观用水或道路喷洒等。

2）屋顶滞留。对于平屋顶可以考虑屋顶滞蓄的模式，包括屋顶绿化和屋顶滞蓄排放两种形式。

3）入渗回补地下水。该方式可通过集中或分散的方法将屋顶雨水渗入地下。集中入渗的方式屋顶雨水径流经去除初期径流后全部收集，在末端建设调蓄池和有一定渗水能力的渗水设施，由渗水设施渗入地下回补地下水。

分散入渗地下方式将屋顶雨水就近分散排放到建筑物周围的绿地，由绿地直接入渗地下。

4）调控排放。在雨水收集管道系统末端增设雨水调蓄池和流量控制设施。使排入外部市政雨水管道的流量减小并控制在一定范围内，多余的雨水滞留在管道和调蓄池内。超过设计标准降雨时再由溢流堰溢流进入市政雨水管道。

5）雨水综合利用。可将屋顶雨水的滞留、收集回用、下渗和调控、排放有机的结合，形成既能渗入地下，又有水可用，还能减少排放的综合利用方式。

（2）绿地雨洪利用模式。

1）下凹式绿地。对于土壤渗透性较好的绿地，可采用下凹式绿地。绿地下凹深度宜为 10cm 左右，具体应经计算确定。在绿地内建雨水口，将超标准降雨的径流或绿地内超过草木耐淹范围内积水排至市政雨水管道。

2）下凹式绿地＋增渗设施。对于土壤渗透性一般或较差的绿地，可在下凹式绿地内建设增渗设施，使其同样达到消纳绿地本身和外部相同不透水面积径流的效果。

（3）铺装地面雨洪利用模式。铺装地面主要包括道路、庭院、广场、停车场等，主要有以下两种雨洪利用模式：

1）透水地面入渗地下。对庭院、人行道和部分小流量车型道路可采用包括透水性面层和透水性垫层铺装，结构形式应依据土壤和地质条件，采取相应的设计。

2）透水地面下渗收集利用。将不透水地面的超渗雨水径流、或渗透地面下层蓄积的雨水进行收集，经处理后，流入蓄水池供回用。

（4）城市道路雨洪利用模式。各地块间城市道路的人行道和无机动车行驶的自行车道，应采用透水地面，并且坡向两侧的下凹式绿化带内。机动车道雨水原则上不收集利用，但雨水口应采用环保型雨水口收集排放，在排放系统中应考虑增设调控设施进行调控排放。

城市道路雨洪利用的基本模式为：两侧透水人行道＋下凹式绿地＋环保型道路雨水口；两侧透水人行道＋下凹式绿地＋绿地雨水口；道路雨水调控排放。

7. 区域雨洪利用方案确定

根据雨洪利用理论、原则和区域内地块的类型，将项目区划分为若干个单元区域。针对各个单元区域的特点，提出相应的雨洪利用控制要求和方案，使竖向规划的相对标高顺序为：建筑相对标高＞硬化地面＞绿地＞排水口。

8. 雨洪利用效果与效益分析

依据整个区域的雨洪利用规划方案，计算实施后的雨水收集利用量、外排洪峰流量和排水量，分析雨洪利用的效果。

在效果分析的基础上分析雨洪利用的经济效益、社会效益和环境生态效益。

四、城市雨洪利用工程设计

1. 雨水管渠

（1）一般规定。

1）本导则中的雨水管渠指的是专门用来收集与输送雨水的管道或渠道，也就是分流制排水体系雨水管渠，一般为重力流，其管道按满流计算，并应考虑排放水体水位顶托作用以及排水管渠作为滞蓄容积的情况。

2）雨水管最小管径不小于 300mm，最小设计坡度为 0.2%。连接建筑物雨落管的管道内径不小于 100mm。

3）管道最小覆土厚度在车行道下一般不小于 0.7m，但如果能保证管道不受外部荷载损坏的情况下，也可以小于 0.7m。

4）管道系统布置要符合地形趋势，一般宜顺坡排水，取短捷路径。每段管道均应划给适宜的汇水面积。汇水面积划分除依据明确的地形外，在平坦地区要考虑与各毗邻系统的合理分担。

（2）管渠结构及附属构筑物。

1）管材与管道基础。常用排水管材料有混凝土管和钢筋混凝土管、金属管、陶土管、硬质聚氯乙烯管（PVC/UPVC）。大型排水渠道的修建材料主要有砖、石、陶土块、混凝土和钢筋混凝土等。

管道基础一般分为弧形素土基础、灰土基础、砂垫基础、混凝土基础、枕基等。

2）检查井与跌水井。检查井通常设在管渠交汇、转弯、断面或基础、接口变更、跌水等处，以及相隔一定距离的直线管渠段上。按照相关规范规定设计。

跌水井是具有消能作用的检查井，常用的有竖管式（或矩形竖槽式）和溢流堰式。

3）雨水口。雨水口是在雨水管渠上收集雨水的构筑物。雨水口的形式和数量通常应按汇水面积所产生的径流量和雨水口的泄水能力确定（一般平算雨水口可以排泄15～20L/s的地面径流量）。

4）倒虹管。当排水管渠穿过河道、旱沟、洼地或地下构筑物等障碍物不能按照原有高程或坡降进行埋设，应设倒虹管，按下凹折线方式从障碍物下通过。

2. 雨洪处理系统

（1）雨洪处理工艺。

1）屋面雨水处理工艺。

a. 对瓦、水泥砂浆等材料的坡屋顶和平屋顶，通常采用的工艺为：去初雨→格栅拦污→（均质砂滤）→蓄存→利用。

b. 以油毡、沥青为防水材料的屋面，其处理工艺为：去初雨→格栅拦污→（均质砂滤或活性炭砂滤）→蓄存→利用。

2）硬化面雨水处理工艺。

a. 庭院、广场和非机动车道路集雨面雨水，排入周边绿地净化入渗，超渗雨水外排或入蓄水池贮存利用，其处理工艺为：去初雨→格栅拦污→沉淀→（均质砂滤或活性炭砂滤）→蓄存→利用。

b. 机动车道路雨水水质很差，通常不加以利用，直接外排入市政管网。

3）绿地雨水处理工艺。降落到绿地的雨水直接入渗，超渗雨水排入市政管网。

（2）雨洪处理系统设计。

1）初期径流池。初期径流池应根据雨水收集面的类型、性质、面积计算确定有效容积。

2）格栅。屋顶雨水格栅应安装在雨水斗进水口之前，道路、广场和非机动车道路雨水栅网符合《室外排水设计规范》（GB 50014—2006）（2014年版）的规定。

3）沉淀池。沉淀池的设计流量应以当地暴雨强度公式按降雨历时5min计算。雨水的设计重现期应根据当地区域的性质和要求确定，一般采用5年。

4）过滤池。对于屋顶较为洁净的雨水，一般采用均质滤料滤池，对回用雨水水质要求较高的可采用砂滤活性炭双层滤池。

3. 雨洪调控工程

（1）调蓄池容积确定。在每天回用的流量稳定而且已知的情况下，应根据多年的日降雨资料进行调节计算，确定蓄水的容积。

当外排流量受到限制时，蓄水池的容积就得依据设计暴雨建立数学模型进行演算求得。

（2）调控构筑物及设备。溢流堰一般应依据来水量、区域的重要性、受纳水体的特点选择固定堰或自调节堰。分流设备可根据具体情况选用相应的分流堰。

流量控制设备应能保证较稳定的流量，可依据上、下游水位和其他条件选择无反馈型或反馈型流量调控器。

4．雨水回用工程

雨水的回用可依据具体情况选择灌溉绿地、冲洗厕所、洗车、景观供水、回灌地下等方式。

（1）绿地灌溉。绿地灌溉工程的设计可参照《微灌工程技术规范》（GB/T 50485—2009）、《节水灌溉技术规范》（SL 207—98）、《灌溉与排水工程设计规范》（GB 50288—1999）。

（2）冲洗厕所。当雨水为厕所冲洗水源时，雨水可利用水量应为厕所用水量的110％～115％。

（3）洗车。汽车冲洗用水定额，根据道路路面等级和沾污程度，按定额指标确定。

（4）景观供水。景观供水的补水量计算应当考虑汇集雨水径流量、景观水体可用储水容积、渗漏和蒸发量、补水水量平衡、补水措施等因素。用于景观的雨水水质必须满足《城市污水再生利用景观环境用水水质》（GB/T 18921—2002）标准。

（5）回灌地下。应根据来水量、地质条件等选择渗抗法、渗渠法、回灌井、辐射井、压注式人工补给井等方式回灌地下。雨水回灌地下的水质应符合标准。

5．渗透性铺装地面

（1）透水砖地面。透水砖地面应包括透水性面层和透水性垫层。透水砖地面的设计标准不低于 2 年一遇 60min 降雨。透水砖地面应同时满足相应的承载力、抗冻和其他要求。

（2）草坪砖地面。草坪砖地面的整体透水系数应大于 0.5mm/s，面层下找平层和垫层的透水系数必须大于 0.5mm/s。透水砖地面应同时满足相应的承载力、抗冻和其他要求。

6．绿地渗透设施

（1）入渗洼地。入渗洼地四周的斜坡度一般小于 1∶3，表面宽度和深度的比例应为6∶1或更大。洼地所种植物应即能抗涝又能抗旱，适应池中水位变化。

（2）入渗池。入渗池的边坡应根据土壤的稳定系数来确定，入渗池的边缘应种植树木或灌木，不应建在地下饮用水源附近。

（3）渗透管沟。渗透管沟一般采用穿孔 PVC 管或渗水片材料制成，可以将渗透管沟与雨水管系统、渗透池、渗透井等综合使用，也可以单独使用。

（4）入渗井。进入入渗井的雨水必须经过处理。为了避免负面影响地下水，应尽量避免采用入渗井，只有在无法通过绿地和透水地面入渗时，才考虑利用入渗井。

7．屋顶绿化

屋顶绿化可通过植物和土壤储蓄和缓慢放出存水来降低径流峰和径流量，并通过渗透、吸附和生物过程提高雨水的质量，改善小区内的小气候、改善环境和美化环境。屋顶绿化植物品种的选择因栽种方式不同而不同。屋顶负荷包括活荷载、植被荷载、种植土荷载、透水层荷载等。

五、工程施工与设备安装

雨水利用工程施工按照《水工混凝土施工规范》（DL/T 5144—2001）的规定进行。设备安装按相关规范进行。

六、工程验收与管理

雨洪利用工程的验收和管理按照《水利水电建设工程验收规程》（SL 223—2008）进行。

七、经济评价

雨洪利用工程的效益主要体现在社会效益和环境效益。经济评价可参考《小水电建设项目经济评价规程》（SL 16—2010）进行。

第六章 屋面雨水收集利用

第一节 屋面雨水特征与集雨流程

一、屋面雨水集蓄利用系统组成

利用屋顶做集雨面的雨水集蓄利用系统又可分为单体建筑物分散式系统和建筑群集中式系统。由雨水汇集区、传输管道、截污装置、储存、净化、配水及溢流设施等几部分组成。截污装置用于初期雨水控制，是将降雨初始一段时间的混浊雨水弃除排放的设施。溢流设施与市政排水管网相连，使超过储蓄雨量及时排除。有时还设渗透设施与储水池溢流管相连，使超过储存容量的部分雨水溢流入渗。

二、屋面集蓄雨水水质分析

（一）屋面雨水水质分析项目

雨水水质分析项目内容主要考虑常见的有机污染物、营养性物质及重金属物质等，分析项目与内容见表6-1。

表6-1 屋面雨水水质分析项目

序号	检测项目	内容
1	水温	
2	pH值	反映水的酸、碱性
3	悬浮物或浊度	反映水中悬浮杂质的指标
4	电导率	表示水中溶解性物质的指标
5	溶解氧	溶解于水中分子态氧的数量
6	氨氮	反应水中植物营养性物质的指标
7	总磷	反应水中植物营养性物质的指标
8	总氮	反应水中植物营养性物质的指标
9	总有机碳	表示水中有机物含量的综合指标
10	生化需氧量	表示水中有机物含量的指标
11	化学需氧量	表示水中有机物含量的指标
12	碱度	溶解性盐类指标
13	总硬度	溶解性盐类指标
14	硫酸盐	溶解性盐类指标
15	铁、锰	重金属含量
16	铜、铅、锌	重金属含量

（二）屋面雨水水质状况

屋面初期径流雨水水质浑浊，色度大。主要污染物为有机物和悬浮或漂浮固体，而总氮、总磷、重金属和无机盐等污染物的浓度则较低。

1. 溶解氧（DO）

溶解氧初期值为 5～6mg/L，随着累积雨量的增加及降雨的逐渐增大，各种屋面的溶解氧数值有所降低，显现出降雨强度越大溶解氧数值越小这一规律，在降雨结束前，溶解氧数值又反弹并增大至 7～8mg/L 左右。

2. 有机物含量

有机物含量为降雨与径流主要污染水质指标。通过取样分析，屋顶径流 COD_{Mn} 含量为 2.4～55mg/L，平均值为 15mg/L，为 V 类水体。

3. 电导率

电导率是表示水中溶解性物质的指标，水中溶解盐类越多，离子含量越大，水的电导率就越大。

降雨初期电导率数值较大，沥青屋面和铺砌屋面达 $150\mu S/cm$ 左右，且数值振幅较大，随着累积雨量的增加，振幅逐渐减小，对玻璃屋面及沥青屋面逐渐趋向于 $50\mu S/cm$ 左右的较小值，而对铺砌屋面，降雨结束前电导率数值反弹较大。

4. 高锰酸盐指数

初期径流高锰酸盐指数浓度较大，随着累积雨量的增加，各种类型的屋面径流呈直线或振荡走低趋势，若降雨量超过 10mm，最终将趋于较小数值（＜5mg/L）。

5. 营养性物质含量

营养物是降雨与径流的主要污染指标。屋面径流的营养物含量，通过取样分析氨氮 NH_3-N、总磷 TP、总氮 TN 平均值分别为 0.92mg/L、1.85mg/L、0.06mg/L。

6. 悬浮固体（SS）

表示水中悬浮杂质的浓度，一般 SS 20～40mg/L。

7. 其他指标

溶解性盐类指标有钙离子、镁离子、总硬度、硫酸盐和碱度及重金属元素铁、锰、铜、锌等。水质观测数值随着累积雨量的增加，也呈现出逐渐减小规律。满足生活饮用水水质标准，溶解性盐类不是污染物。

（三）影响屋面雨水水质因素

雨水在实际利用时要受到许多因素的制约，如气候条件、降雨季节的分配、雨水水质的情况等自然因素的制约以及特定地区建筑的布局和构造等其他因素的影响。雨水水质不仅与降雨强度、降雨历时有关，也与屋面材料及坡度、空气质量、气温、两次降雨间隔时间等因素有关。雨水收集利用和污染控制时应充分考虑这些因素。

1. 降雨特征

降雨强度（单位时间内的降雨量）和降雨历时（连续降雨的时段，可以指一场降雨的持续时间，也可指某一连续时段）是影响屋面雨水水质的重要因素，因为雨水既是溶解污染物的溶剂，又是冲刷屋面污染物的动力源泉。天然雨水溶质含量较少，因而具有很高的活性。雨水到达屋面时，形成对屋面的冲刷力，强化了污染物溶入雨水的过程。屋面雨水中的污染物主要来源于屋面的沉积物和屋面材料的可溶出物质。降雨初期，雨水首先将与屋面结构较为疏松的表面沉积物冲刷带入雨水中，随后再将与屋面材料附着较紧密的沉积物冲刷。随着降雨历时的增加，表面沉积物越来越少，此时雨水对屋面材料产生冲刷，并将其中可溶性物质溶入雨水中。由于屋面材料材质致密，以后的溶解过程较为缓慢，表现为雨水中污染物含量趋于稳定。

图 6-1 为北京水利水电学校 2004 年 7 月 19 日一场降雨不同时刻屋顶雨水中污染物浓度的变化。从图中可见，COD_{Mn}、NH_3-N 的浓度在初期相对较高，之后随着时间的延续而逐渐减小。NO_3-N 和 NO_2-N 浓度都比较低，随时间的变化有所起伏。

图 6-2 为北京水利水电学校 2004 年不同场降雨雨水水质的变化规律，可见屋顶雨水中主要污染物为有机物和 SS。污染物的含量与降雨的时间间隔有关。当超过 10 天无降雨过程后，8 月 9 日降雨时屋顶雨水 2mm 降雨量内的高锰酸钾指数达 764mg/L，SS 达 102mg/L；当两次降雨间隔时间不长时，高锰酸钾指数一般小于 100mg/L，SS 一般小于 22mg/L。

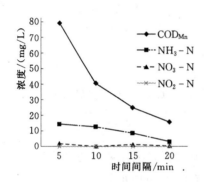
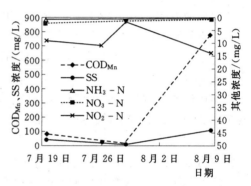

图 6-1　2004 年 7 月 19 日屋顶雨水中污染物浓度　　图 6-2　2004 年 7 月 19 日至 8 月 9 日屋顶雨水水质

由北京水利水电学校 2005 年 5—7 月 3 个月不同场降雨雨水水质 COD、SS、TP、TN、NH_3-N 与雨量的变化规律可见，屋顶雨水水质是随降雨量的增加而污染物浓度降低，且降雨量在 5mm 处，水质状况有明显降低。图 6-3 为 COD 指标随雨量的变化情况。

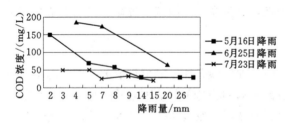

图 6-3　2005 年 5 月 16 日至 7 月 23 日
屋顶降雨 COD 浓度

2. 屋面材料及坡度

屋面材料中的可溶性物质在降雨过程中可溶入屋面雨水中径流中。对典型的坡顶瓦屋面和平顶沥青油毡屋面雨水径流进行比较，后者的污染较为严重。

坡顶瓦屋面由于易于冲刷，初期径流的 SS 浓度可能较高，取决于降雨条件和降雨的间隔时间，但色度和 COD 浓度一般均明显小于油毡屋面。如遇到暴雨，强烈的冲刷作用把积累在平顶屋面上的颗粒物冲洗下来，则初期雨水中的 SS 也会到达较高浓度。

两种屋面初期径流的 COD 浓度一般相差 3～8 倍，随着气温升高，差距将增大。由于沥青为石油的副产品，其成分较为复杂，许多污染物可能溶入雨水中，而坡顶瓦屋面不含溶解性化学成分。

此外，屋面材料的新旧程度对屋面雨水的水质也有很大影响。一般就材料老化后污染严重，而新材料的污染相对较小。

3. 季节与气温

研究发现，4—5月和夏季降雨初期，径流中的COD浓度最高，同时测定的天然雨水中的COD和SS浓度一般较低，说明每场雨初期径流中较高浓度的污染物来自屋面，主要原因是经过漫长的冬春旱季，屋顶积累的大量沉积物和污染物被降雨冲刷溶解所致。

进入夏季后，气温升高和日照增强，一些易于受热改性的屋面材料，如黑色的沥青油毡等，极易在太阳的暴晒下吸热变软，且容易老化，分解出有机物质，因而使雨水水质恶化，一般日照越强烈，气温越高，屋面材料的分解越明显，屋面雨水径流中的COD也越高。

4. 大气污染程度

屋面雨水中的污染物除来源于对屋面材料和屋面沉积物的溶解外，还来源于降水本身的污染物。当大气严重污染后，降水的化学成分将十分复杂，一方面，降水中的污染物增多，是屋面雨水中的污染物起始值增大；另一方面，受污染的雨水（如酸雨）增强了对屋面材料的腐蚀，增大了其中污染物的溶出量。

5. 建筑物周围环境质量

屋面雨水与集水面的清洁程度有关，例如房屋周围是树林环绕，就必须设置雨箅子或筛滤网以清除落叶；房屋周围有沙土或裸露土地，就必须考虑安装沉沙或过滤装置以清除泥沙等杂物。

（四）屋面雨水特点

1. 屋面雨水水质较好、径流量大、便于收集利用，其利用价值高

对于城区雨水主要有屋面、道路、绿地等汇流介质。根据我国城市卫生状况及对雨水水质测定的实测情况，在这3种汇流介质中，地面径流雨水水质较差，城市道路初期雨水中COD通常高达3000～4000mg/L；而绿地径流雨水又基本以渗透为主，可收集雨量有限；屋面雨水水质较好、径流量大、便于收集利用，其利用价值最高。

2. 初期水质较差

雨水降到屋面上，随着汇流、径流时间的延长，雨水水质变化规律十分明显，初始一段时间很脏，5～20min后水质明显变好而稳定。初期径流水质较差，所测COD多在500mg/L以上。沥青屋面初期雨水径流的SS值为100～250mg/L，色度值为45度。

从典型降雨过程分析，可以清楚地看到水质有一个很明显的突变点。降雨的末期，水质一般会有一个反弹。分析原因，降雨停止后，雨水径流尚未停止，使残留于汇水口的污染物重新混入水中所致。屋面雨水水质状况以实测资料为准，无实测资料时可参见表6-2。

3. 可生化性较差

屋面雨水水质的可生化性较差，一般BOD/COD的值在0.10～0.15。COD可以较准确地确定水中有机物含量，但不能区别可生物降解有机物和不可生物降解有机物。常用测

定污水 BOD_5/COD_{Cr} 来判断其可生化性，一般认为 $BOD_5/COD_{Cr}>0.3$ 就可以利用生物降解发进行处理，$BOD_5/COD_{Cr}<0.2$ 则只能考虑其他方法进行处理。

表6-2　　　　　　　　　　　　屋面初雨水质参考值

项　　目		COD /(mg/L)	SS /(mg/L)	合成洗涤剂 /(mg/L)	Pb /(mg/L)	酚 /(mg/L)	TP /(mg/L)	TN /(mg/L)
平均值	沥青油毡屋面	700	800	3.93	0.69	0.054	4.1	9.8
	瓦屋面	200	800		0.23			
变化系数		0.5～4	0.5～3	0.5～2	0.5～2	0.5～2	0.8～1	0.8～4

三、屋面雨水水质的处理

（1）初期雨水水质较差，需要弃除。水质随时间变化规律，由图6-1中可以看出，径流水质随降雨历时的延长而污染程度逐渐降低，产流的 $10～15min$ 这段时间各污染指标浓度较大且变化剧烈，之后水质随时间变化较缓，逐渐达到一个稳定值。

水质随降雨量变化规律，由图6-1、图6-3中可以看出，降雨历时越长，降雨量越大，雨水水质越好。由雨量计的结果对照降雨历时的水质变化可知临界的降雨量为 $1～3mm$，即在降雨径流这个雨量之前的水质污染较为严重。

（2）根据实验研究表明，屋面雨水水质的可生化性较差，一般 BOD_5/COD 的值在 $0.1～0.15$，屋面雨水处理不宜生化方法，宜采用物理化学方法。屋面雨水经过初期弃流后的水质情况：COD：$80～120mg/L$，SS：$20～40mg/L$，色度值为 $10～40$ 度，其出水水质即能满足《生活杂用水水质标准》要求。

对于雨水处理，用途不同处理方法不同。对水质要求不高的（如浇花灌草），可简单处理如沉淀、过滤即可回用。对水质要求高的（如冲厕、景观用水等）需经化学处理混凝、消毒工艺后回用。

（3）屋面雨水收集简单处理可以直接回用。北京水利水电学校 2005 年典型场降雨主要污染物检测指标见表6-3。各项指标均符合《城市杂用水水质标准》（GB/T 18920—2002），也符合景观环境用水的再生水水质标准。

表6-3　　　　　　　　　　2005 年典型场降雨屋面雨水检测指标

日期/(年-月-日)	降雨量/mm	COD /(mg/L)	NH_3-N /(mg/L)	SS /(mg/L)	TP /(mg/L)	TN /(mg/L)
2005-5-17	2	148	6.77	150	0.635	17.4
	5	68	4.22	30	0.223	12
	8	56	2.55	25	0.105	6.17
	14	26	2.22	6	0.085	4.26
	26	27	0.92	2	0.1	3.06
	36	27	1.07	0	0	3.86
2005-6-25	4	185	19.5	73	2.2	25.9
	7	173	18.6	58	1.0	29.6
	20	65	16.7	40	0.409	19.1

日期/(年-月-日)	降雨量/mm	COD/(mg/L)	NH₃-N/(mg/L)	SS/(mg/L)	TP/(mg/L)	TN/(mg/L)
	3	48	2.6	44	0.206	4.13
	5	50	2.41	6	0.154	4.17
2005-7-23	7	25	1.55	1	0.418	3.25
	9	31	1.67	5	0.341	2.62
	15	19	2.48	8	0.397	4.63

四、屋面集蓄雨水利用工艺流程

（一）屋面雨水利用工艺选择

屋面雨水可采用土壤入渗、收集回用、土壤入渗与收集回用相结合的方式。屋面雨水的利用方式需要考虑下列因素：室外土壤的入渗能力、雨水杂用水的需求量和需求水质、降雨的时间分布、杂用水量和降雨量季节变化的吻合程度、当地缺水情况、经济发展水平。

小区内设有景观水体时，屋面雨水宜优先考虑用于景观水体补水。室外土壤在承担了室外各种地面的雨水入渗后，其入渗能力仍有足够的余量时，屋面雨水可进行土壤入渗。收集回用系统的回用水量或蓄水容量小于屋面的收集雨量时，屋面雨水利用可选用入渗与回用相结合的方式。削减城市洪峰时，宜采用蓄存排放系统。大型屋面的公共建筑或设有人工水景的项目宜采用回用系统，一般类园区宜采用屋面雨水土壤入渗系统。

（二）屋面雨水收集回用工艺

屋面集雨一般需要弃除2～3mm初雨，弃除初雨后的雨水水质相对较好，直接收集输送到蓄水池进行利用。其工艺流程，如图6-4所示。

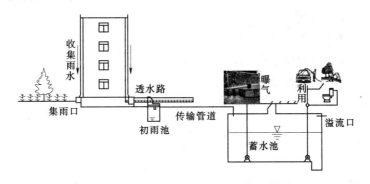

图6-4 屋面雨水集蓄利用工艺流程示意图

屋面雨水经雨落管进入地面集雨口（拦截杂物、超标准降雨溢流），再进入初期弃流装置，通过初期弃流装置将初期较脏的雨水排入小区污水管道，进入城市污水处理厂处理后排放，防止初期径流中污染物对环境的影响，同时为屋面雨水进一步处理利用创造条件。经初期弃流后的雨水通过管、渠送至储水池收集，该池兼具储藏、调节、沉淀的作用。

（三）屋面雨水利用工艺流程

雨水处理流程及方法根据雨水用途不同而不同，针对屋面雨水水质状况：回用于浇灌绿地的雨水无需处理可直接回用；回用于景观用水，可在存储回用前加沉淀或过滤等设施，过滤可采用压力滤池前投加混凝剂的方法，也可以采用砂滤自然过滤的方法；回用于冲厕或洗车，需经过活性炭吸附和消毒，进一步降解有机物和保证回用的安全性。

常用工艺流程如下所示：

（1）回用于浇灌绿地：屋面收集→雨水传输（雨落管、地面集雨口）→弃除初雨→存储回用。

（2）回用于景观用水：屋面收集→雨水传输（雨落管、地面集雨口）→弃除初雨→沉淀（过滤）→存储回用（蓄水池）。

（3）回用于冲厕及洗车用水：屋面收集→雨水传输（雨落管、地面集雨口）→弃除初雨→沉淀（过滤）→活性炭吸附→消毒→存储回用（蓄水池）。

第二节　屋面集雨量计算

屋面雨水收集系统的汇雨径流量可按式（6-1）和式（6-2）计算。计算内容涉及到屋面汇水面积、屋面径流系数、暴雨设计重现期、暴雨强度、降雨历时的分析确定。

洪峰径流量按式（6-1）计算：

$$Q = \Psi_m q F \tag{6-1}$$

日降雨径流总量按式（6-2）计算：

$$W = 10 \Psi_c h_y F \tag{6-2}$$

上二式中　Q——洪峰径流量，L/s；

$\quad\quad\Psi_m$——暴雨流量径流系数，按表6-4取用；

$\quad\quad q$——设计降雨强度，L/(s·hm²)；

$\quad\quad F$——汇水面积，hm²；

$\quad\quad W$——降雨径流总量，m³；

$\quad\quad\Psi_c$——暴雨量径流系数，如表6-4取用；

$\quad\quad h_y$——设计日降雨量，mm。

1. 暴雨强度

按下式计算：

$$q = \frac{167A(1+c\lg P)}{(t+b)^n} \tag{6-3}$$

北京市暴雨强度按式（6-4）计算：

$$q = \frac{2001(1+0.811\lg N)}{(D+8)^{0.711}} \tag{6-4}$$

以上式中　q——降雨强度，L/(s·hm²)；

$\quad\quad N、P$——设计重现期，年，不小于1～2年；

$\quad\quad D、t$——降雨历时，min；

$\quad A、b、c、n$——当地降雨参数，查水文手册。

表 6-4 　　　　　　　　　　径 流 系 数 表

地面种类	暴雨量径流系数 Ψ_c	暴雨流量径流系数 Ψ_m	
		雨水利用前	雨水利用后
硬屋面、没铺石子的平屋面、沥青屋面	0.8~0.9	1	0.3
铺石子的平屋面	0.6~0.7	0.8	0.3
绿化屋面（精细型）	0.4	0.5	
绿化屋面（粗放型）	0.6	0.7	
混凝土和沥青路面	0.8~0.9	0.9	0.3
块石等铺砌路面	0.5~0.6	0.7	0.3
干砌砖、石及碎石路面	0.4	0.5	
非铺砌的土路面	0.3	0.4	
绿地	0.15	0.25	0.25
水面	1	1	0.3
地下室覆土绿地（≥50cm）	0.15	0.25	0.25

2. 暴雨设计重现期

屋面暴雨设计重现期不宜小于表 6-5 中规定的数值。

表 6-5 　　　　　　　　　　屋面暴雨设计重现期

屋面类型和安全要求	设计重现期/年
外檐沟	1~2
一般性建筑物平屋面	2~5
屋面积水使屋面开口或防水层泛水，影响室内使用功能或造成水害	10~20
屋面积水荷载影响屋面结构安全重要的公共建筑物	20~50

3. 降雨历时

降雨历时按 5min 计算。当屋面坡度大于 2.5% 时，或者屋面材质为玻璃、金属时，采用天沟集水且沟沿溢水会流入室内，应按实际降雨历时计算暴雨强度。无资料时可按 5min 历时降雨强度乘以 1.5 的系数。

降雨历时按下式计算：

$$D = t_1 + m t_2 \tag{6-5}$$

式中　D——降雨历时，min；

　　　t_1——地面集水时间，min，一般采用 5~15min；

　　　m——折减系数，暗管 $m=2$，明渠 $m=1.2$；

　　　t_2——管渠内雨水流行时间，min。

4. 汇水面积

汇水面积按下列要求计算：

（1）工程用地汇水面积按水平投影面积计算，与形状和坡度无关。

（2）集水面有效汇水面积按集水面水平投影面积计算。

（3）高出汇水面积一面有侧墙时，其汇水面积应增加高出侧墙面积的50%，多于一面时，应增加有效受水侧墙面积的50%。

（4）球形、抛物线形或斜坡较大的集水面，其汇水面积等于集水面水平投影面积与竖向投影面一半之和。

5. 屋面径流系数

屋面径流系数从表6-4选取。

第三节　屋面集雨设施

屋面集雨设施是指屋面降雨在汇流、弃除初雨、传输过程中的控制设施。包括屋面集水沟、雨落管、雨水斗、地面集雨口、初雨弃流装置等。

一、屋面集水沟（檐沟）

屋面集水沟（檐沟）的水平坡度不大于3‰，有半圆形、矩形、梯形等形状的集水沟。集水沟断面的计算方法：先假定沟断面尺寸、坡度并布置雨水排水口，计算沟的集水量与设计的雨水量比较，如果差别大则应修改沟的尺寸或增加雨水集水口数量，进行调整计算。

二、雨水斗入口

屋面降雨汇集到檐沟（天沟）进入雨水斗，由雨落管进入地面集雨设施。

为避免杂物进入雨落管，在每个雨水斗入口处设置拦污算子（栅罩）。雨算（栅罩）的进水孔有效面积，应等于连接管横断面积的2～2.5倍。格栅缝隙净空间距不应大于10mm。格栅应便于拆卸。如图6-5所示。雨水斗应采用不同口径雨水斗系列，其通水能力见表6-6。

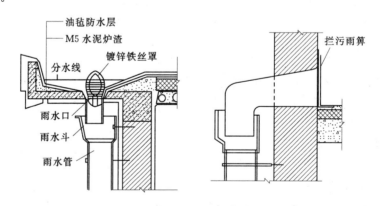

图6-5　屋面集水沟与雨水斗

表6-6　　　　　　　　　　　雨水斗的排水能力

口径/mm	75	100	150	200
排水能力/(L/s)	8	12～17	26～36	40～56

三、雨落管

雨落管的数量与降雨量和雨水管的直径有关。根据经验公式，当已知房屋所在地区的降雨量后，可以计算出一定管径雨水管的容许集水面积。经验公式为

$$F=\frac{438D^2}{H} \tag{6-6}$$

式中　F——容许集水面积，m^2；

　　　D——雨水管直径，cm；

　　　H——每小时降雨量，mm/h。

为了计算方便，按上述公式编制了雨水管最大集水面积，见表 6-7。

表 6-7　　　　　　　　　　　　　雨水管最大集水面积　　　　　　　　　单位：m^2

降水量/(mm/h)	管　径				
	75mm	100mm	125mm	150mm	200mm
50	490	880	1370	1970	3500
60	410	730	1140	1640	2920
70	350	630	980	1410	2500
80	310	548	855	1230	2190
90	273	487	760	1094	1940
100	246	438	683	985	1750
110	223	399	621	896	1590
120	205	363	570	820	1460
130	189	336	526	757	1350
140	175	312	488	703	1250
150	164	292	456	656	1170

例如，某地 $H=110$mm/h，选用雨水管直径 $D=10$cm，则每个雨水管的容许集水面积为 $F=438\times10^2/110=398.18$（$m^2$）。

如屋面的水平投影为 1000m^2，至少应设三个雨水管。

雨落管的排水能力见表 6-8。

表 6-8　　　　　　　　　　　　　立管的最大排水流量

管径/mm	75	100	150	200
排水流量/(L/s)	10～12	19～25	42～55	75～90

根据屋面水平投影面积，每小时降雨量和雨水管直径，可以通过公式（6-6）或表 6-7确定雨水管的数量，将雨水管布置在屋顶平面图上，就能够确定雨水管的间距。对于那些降水量 H 值很小的地区，雨水管的距离会很大，集水沟必然会长。而集水沟底面坡度是被限定在一定范围内的，集水沟愈长也就愈深。在工程实践中，雨水管的使用间距为 10～15m。按公式计算或查表得出的间距称理论间距，当理论间距大于使用间距时，按使用间距设置。如理论间距小于使用间距，则应按理论间距设置。

四、地面集雨口

雨落管下设地面集雨口，将雨水通过管道传送初雨池。地面集雨口形式有三种，如图6-6所示。地面集雨口设计建造时，要考虑超过设计标准的降水，地面集雨传输管道可能流水不畅，多余雨水应通过溢流口流出。如图6-6所示的三种形式地面集雨口各有特点，应结合工程实际与维护管理情况选用。

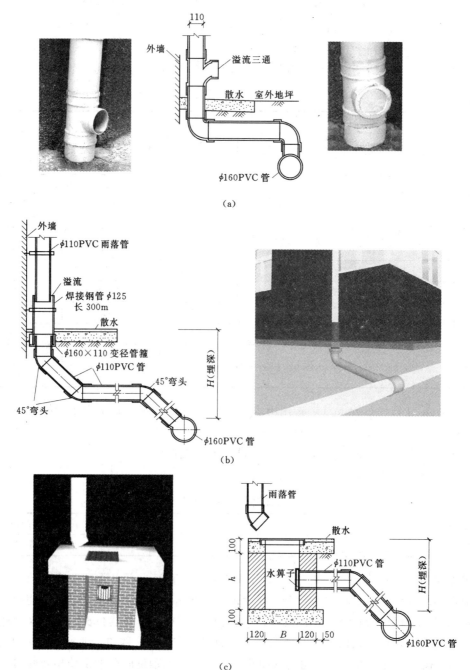

图6-6　地面集雨口

五、初期雨水弃流装置

屋面雨水收集系统的初雨弃流装置宜设置在雨水立管或单栋建筑物雨落管汇合处，也可设在雨水蓄水池前端。弃流装置宜设置于室外。

（一）作用

雨水径流有明显的初期冲刷作用，即在多数情况下，污染物是集中在初期的数毫米雨量中，因此，控制初期雨水（简称初雨）成为雨水利用系统和城市径流污染控制的一项主要举措。根据实测数据计算分析，通常同一场降雨，初期屋面径流的降雨量约为 2～3mm，控制这部分径流污染物即可控制整场降雨径流污染负荷的约 60％以上，控制量超过 3mm，则效果增加很少。因此，屋面初期径流污染控制可有效地减轻雨水径流带来得城市面源污染与后续处理难度。具体控制量可根据汇水面的污染状况、项目的具体条件和要求、费用与效益的分析进行调整。

由于初期雨水污染程度高，处理难度大，因此对初期雨水的控制主要采用弃流处理。如前所述，初期雨水弃流可去除径流中大部分污染物，包括细小的或溶解性污染物，因此，是一种有效的水质控制技术。进行污清分离处理，即弃除初雨，实现"积污排弃，溢清收蓄"。

（二）类型

初期雨水弃流装置，是一种非常有效的水质控制技术，可去除径流中大部分污染物，包括细小的或溶解性污染物。弃流装置有多种设计型式，可以根据流量或初期雨水排除水量来设计控制装置，排除量需要根据汇水面的污染程度、水量的平衡和后续的处理技术等综合考虑确定。介绍以下三种。

1. 容积法弃流池

容积法弃流池（也称初雨池）是在雨水管或汇集口处按照所需弃流雨水量设计弃流池，一般用砖砌、混凝土现浇或预制。弃流池可以设计为在线或旁通方式，弃流池中的初期雨水可就近排入市政污水管。

（1）特点。这种方法的设计是根据雨水径流的冲刷规律合理确定弃流水量。优点是简单有效，不受降雨变化的影响，可以准确地按设计要求控制初期雨水量，效果好。主要缺点是当汇水面较大时需要比较大的池容积，增加了投资。

（2）工艺。初雨池是通过工程措施污清分离（图 6-7）。为了有效地把污水与清水分

积污渗弃,溢清收蓄

图 6-7 初雨池

离控制，在污清分离池中设有带浮球三通管，当污清分离池蓄满 2～3mm 初降雨以后，浮球上浮顶住初雨出口，清净的雨水则从清水出口溢流，经集雨传输管道汇入蓄水池。对于以收集的初期弃流，降雨结束后可以用小污水泵使其流入小区污水管道。小规模弃流池在水质条件和地质、环境条件允许时也可就近排入绿地消纳净化。

（3）初雨池容积的确定。雨水通过雨落管流入地面集雨口，然后进入初期弃流装置（初雨池），"积污排弃，溢清收蓄"。将初期雨水排至小区污水管道。初期弃流量按 2～3mm 降雨量设计，根据所收集雨水屋面的大小，确定所需弃流装置的容积。

$$V = \frac{\psi \times F}{1000} \tag{6-7}$$

式中　V——初雨池容积，m^3；

　　　F——收集雨水屋面面积，m^2，按垂直投影计算；

　　　ψ——弃除初雨量，mm，根据房屋所处环境按 2～3mm 选择大值或小值。

经初期弃流后的雨水可以在很大程度上降低雨水利用的难度、提高净化系统效率，并降低其运行成本。

（4）初雨池构造（图 6-8）。

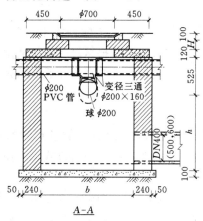

A—A

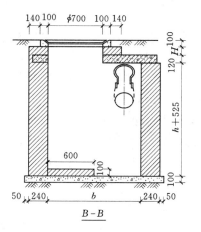

B—B

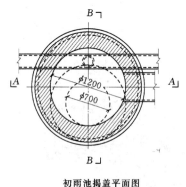

初雨池揭盖平面图

2Φ10　L=2600
1Φ10　L=2910
4Φ10　L=1500

Φ700 人孔钢筋加固图
（上下层配筋相同）

说明：
1. 单位：mm。
2. 池盖厚 120，混凝土 C25；下部配双向钢筋 Φ10@150，井口钢筋加固按详图。
3. 井基混凝土 C15，砖墙用 M5 砂浆、MU10 黏土砖砌筑。
4. 池内壁抹 20 厚 1：2 水泥砂浆。
5. Φ700 铸铁井盖，高出地面 20mm。
6. 井口覆土深度 H 根据实际情况而定。
7. 初雨池容积调节混凝土管 DN500×2000；DN600×2000；DN400×2000。

图 6-8　初雨池构造图

1）初雨池内安装塑料管顺水三通，管径同传输管道一样，三通侧口安装浮球和球网。

2）初雨池下设雨后排水阀，手动控制方式，管径50～100mm；也可考虑采用雨后污水泵排除初雨。

3）初雨池上设过梁，检查口装防盗井盖。

4）弃流池一般用MU10黏土砖砌筑，池内壁抹防水水泥砂浆，井基采用C15混凝土垫层。

2. 切换式初雨弃流井

切换式初雨弃流井是在初雨控制井中同时埋设连接下游雨水井和下游污水井的两根连通管，在两个连通管入口处设置简易手动闸阀或自动闸阀进行切换。可以根据流量或水质来设计切换方式，人工或自动调节弃流量。采用电动闸阀，自动控制调节弃流量，实现对初期弃流量的随机降雨操作控制。当弃流管与污水管直接连接时，应有措施防止污水管中污水倒流入雨水管线，可采用加大两根连通管的高差或在排污管道上安装逆止阀等方式。

由于降雨过程和径流过程均表现出初期水质差而流量小的特点，可以考虑将初期雨水弃流管设计为分支小管，初期水质差的小流量首先通过小管排走，超过小管排水能力的后期径流再进入雨水收集系统，该法的特点是自动弃流，可以减少切换带来的运行和操作的不便。但弃流量难以合理控制，尤其是在降雨强度较小而降雨量很大时可能会使弃流量加大，减少收集水量甚至收集不到雨水。该法一般适用于汇水面较大，有足够的收集水量时。切换式初雨弃控井构造如图6-9所示。

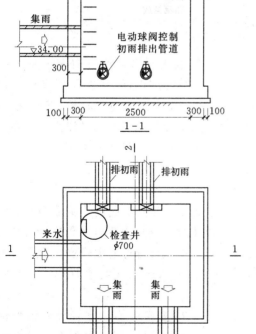

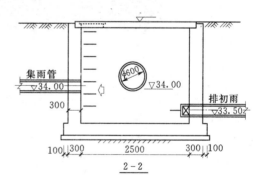

说明：
1. 单位：高程以m计,尺寸为mm。
2. 材料：井混凝土C25,盖板混凝土C25,垫层混凝土C10。
3. 混凝土管与井体接触处要求凿毛处理。
4. 井体四周要求用原状土夯实回填。
5. 初雨弃流电磁阀一备一用,电磁阀安装需在池外另做专用井(砖砌)。

图6-9 初雨弃控井平面布置

3. 装置弃流初雨

装置弃流初雨安装在雨落管上，无需建设土建弃流池，可以灵活地将初雨分离出去，整个过程可自动完成。

（1）初雨控制箱。初雨控制箱（国家实用新型和发明专利技术）如图 6 - 10 所示，该装置基于 5 年的连续监测和大量数据统计分析，掌握了城市汇水面初期雨水污染物冲刷规律和不同的集水面合理的初期雨水控制量。设计仅用 n 分之一的初期雨量来实施对全部初期雨水量的控制，弃流池体积可缩小到常规容积法的数十分之一，大幅度减少弃流池土建费用，显著地改善储存池中的雨水水质，减少雨水量的损失，并可自动运行，简化了系统的运行管理，提高整个系统的效率。用于较大规模的雨水利用系统优越性尤为突出。这种装置已经在一些雨水利用工程中应用，也可以有效地用于城市径流非点源污染控制工程。

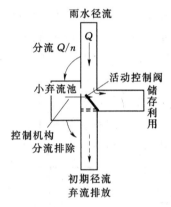

图 6 - 10　初雨控制箱弃流图

（2）旋流分离弃流器。装置的构造是雨水管道收集的雨水沿切线方向流入旋流筛网，筛网由一定目数合金材料制成。装置工作原理：降雨初期当筛网表面干燥时，在水的表面张力和筛网坡度作用下，雨水在筛网表面以旋转的状态流向中心排水管，初期雨水即被排入污水管道或市政排雨管道。随着降水的延续，筛网表面不断被浸润，水在湿润的筛网表面上的张力作用将大大减少，中后期雨水就会穿过筛网汇集到雨水管道，最终接入蓄水池。旋流分离器弃流原理图如图 6 - 11 所示。

这种装置主要特点是通过改变筛网的面积和目数可以按时间控制初期雨水弃流量；初期雨水来临时，可以自行将上次残留在筛网上的树叶等滤出物冲入雨水或污水管道中，自行清洁。

（3）自动翻板弃流器。该装置的工作原理是设计了一个能自动翻转的翻板。没有雨水时，翻板处于弃流位置，降雨开始后，初

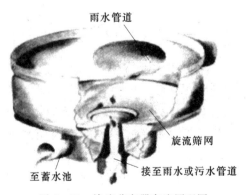

图 6 - 11　旋流分离器弃流原理图

雨沿翻板经过弃流管排走。随着降雨的增多，一般降雨到2～3mm时，翻板依靠重力和浮力会自动反转，雨水沿翻板经过雨水收集管进入蓄水池。当停止降雨一定时间后翻板依靠重力作用自动恢复原位，等待下一次降雨。翻板的翻转时间和停雨后自动复位的时间可根据具体情况在安装时调节。

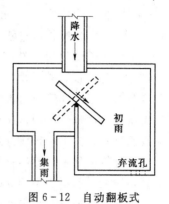

图 6-12 自动翻板式初雨分离器

这种装置的特点是将分离出来的初雨直接排到地面，同地面上的雨水一起汇流排除，即使有些固体留在地面，雨后也能及时被日常清扫人员处理，不需要再安排专人清理维护。

自动翻板式初雨分离器如图 6-12 所示。

第四节 屋面集雨传输管道

一、集雨传输管径的确定

1. 管道设计流量的确定

由《室外排水设计规范》(GB 50014—2006) 查得

$$Q = q\psi F \tag{6-8}$$

式中　Q——雨水设计流量，L/s；

　　　F——屋顶汇水面积，hm^2；

　　　q——设计暴雨强度，$L/(s \cdot hm^2)$，一般可取 5 年一遇 5min 雨强或按暴雨强度公式计算；

　　　ψ——径流系数，根据《室外排水设计规范》(GB 50014—2006) 确定，屋面产流系数取 0.9。

2. 根据设计流量确定管径

$$D = \sqrt{\frac{4Q_i}{\pi V}} \tag{6-9}$$

$$V = \frac{1}{n} R^{\frac{2}{3}} I^{\frac{1}{2}}$$

$$R = \frac{A}{\omega}$$

以上式中　V——集雨管流速，m/s，设计中管内流速取经济流速 0.7m/s；

　　　　　I——水力坡降，对于管渠，一般按管渠底坡降计算；

　　　　　R——水力半径，m；

　　　　　ω——湿周，m；

　　　　　n——粗糙系数。

以上各种系数按《室外排水设计规范》(GB 50014—2006) 采用。

雨水管道的最大设计流速与最小流速应该满足以下条件：金属管最大流速不大于

10m/s，非金属管不大于 5m/s，最小流速不小于 0.75m/s。

二、集雨传输管道布置

集雨传输管线的布置：由于一般建筑前后有上水管、排水管、中水管、电缆线、暖沟及排污管等管线，管道埋深分别在 800mm、1000mm、1500mm 左右。集雨管线布置时，要充分考虑了上述管道的影响，尽量避免与其他管道交叉，如若遇到管道交叉，或集雨管道需要穿过河道、旱沟、洼地或地下构筑物等障碍物不能按照原有高程或坡降进行埋设，应设倒虹管，按下凹折线方式从障碍物下通过。

倒虹管应尽量与障碍物垂直，以缩短倒虹管长度。倒虹管一般采用金属管或钢筋混凝土管，管径一般不小于 200mm。倒虹管要建设交叉检查井。

雨落管连通进入初雨池（污清分离池）后，汇入传输管道，在雨水传输管道交汇处设置检查井。最后把雨水汇入蓄水池。集雨传输管线布置示意如图 6-13 所示。

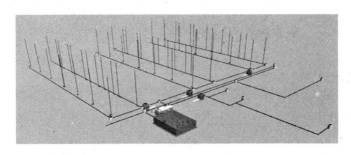

图 6-13 雨水传输管线示意图

雨水管渠一般为重力流，其管道按满流计算，并应考虑排放水体水位顶托作用以及排水管（渠）作为滞蓄容积的情况。室外埋地管道的覆土深度，应根据各地区土壤冰冻深度、车辆荷载、管道材质及管道交叉等因素确定，管顶最小覆土深度不得小于土壤冰冻线以下 0.15m，行车道下的管顶覆土深度一般不宜小于 0.7m，但如果能保证管道不受外部荷载损坏的情况下，也可以小于 0.7m。雨水管最小管径不小于 300mm，最小设计坡度为 2‰，连接建筑物雨落管的管道内径不小于 100mm。集雨管道平面图如图 6-14 所示。

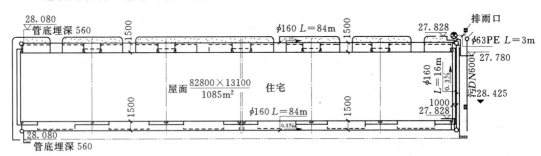

图 6-14 集雨管道平面图（尺寸单位：mm，高程单位：m）

（一）管道材料的选择

雨水传输管必须具有足够的强度，以承受外部的荷载与内部的水压力，和保证在运输和施工中不致破裂。外部荷载包括土壤的重量——静荷载，以及由于车辆运行所造成的动荷载。压力管及倒虹管一般要考虑内部水压。自流管道发生淤塞时或雨水管系统的检查井内冲水时，也可能引起内部水压。

雨水管渠应具有抵抗污水中杂质的冲刷和磨损的能力，也应具有抗腐蚀性的性能，以免在污水或地下水的侵蚀作用（酸、碱或其他）下很快损坏。

雨水管渠必须不透水，以防止污水渗出或地下水渗入。因为雨水从管渠渗出至土壤，会破坏管道及附近房屋的基础。地下水渗入管渠，降低管渠的过水能力。雨水管渠的内壁应整齐光滑，使水流阻力尽量缩小。

雨水传输管渠应就地取材，并考虑预制管件及快速施工的可能，以便尽快节省管渠造价及运输和施工的费用。

常用雨水管介绍如下：

（1）混凝土管和钢筋混凝土管。混凝土管和钢筋混凝土管适用于排除雨水、污水，一般多用做重力流排水管道。常用的有混凝土管、轻型钢筋混凝土管和重型钢筋混凝土管 3 种，可以预制，也可在现场浇注。管口通常由承插式、企口式、平口式，如图 6 - 15 所示。

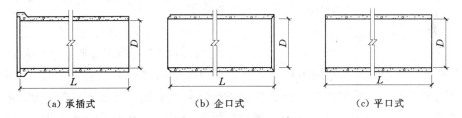

(a) 承插式　　　　　(b) 企口式　　　　　(c) 平口式

图 6 - 15　混凝土管或钢筋混凝土管

混凝土管的管径一般小于 450mm，长度多为 1m。直径大于 400mm 时，一般配置成钢筋混凝土管，其长度在 1～3m 之间。

混凝土管和钢筋混凝土管的主要缺点是抗酸、碱侵蚀和抗渗性能差，管节短、接头多、施工复杂，自重大，搬运不方便。

（2）金属管。金属管一般包括钢管和铸铁管，而钢管又可以分为焊接型钢管和无缝钢管，铸铁管可分为砂型离心铸铁直管和连续铸铁直管。金属管刚度大，承压能力强，质地坚固。钢管采用焊接、法兰连接和螺纹连接；铸铁管一般采用承插连接，用橡胶圈止水（柔性连接）或用石锦水泥填塞接缝止水（刚性连接）。

金属管质地坚固，抗压、抗震、抗渗性能好；内壁光滑，水流阻力小；抗酸碱腐蚀及地下水侵蚀的能力差，采用钢管时必须作防腐处理，并注意绝缘。

（3）硬质聚氯乙烯管（PVC/UPVC）。作为一种新型雨水管材已在近几年中得到广泛应用。该管材重量较轻，搬运、装卸、施工便利；PVC/UPVC 管材具有耐酸、耐碱、耐腐蚀性，对于酸性、碱性和有腐蚀性废水尤为适合；PVC/UPVC 管材管壁光滑，水力条件较好。管口连接主要有扩口承插式、套管式、螺纹式、法兰式、热熔焊接式。

（4）大型雨水渠道。雨水管道的预制管管径一般小于 2m，当管道设计断面大于 1.5m 时，也可以在现场建造雨水渠道。建造大型渠道的建筑材料主要有砖、石、陶土块、混凝土、钢筋混凝土等。在多种情况下，建造大型雨水渠道，常采用两种以上材料。

（二）管道基础

雨水收集管道基础对集雨工程质量影响很大，基础处理不当，会造成管道产生不均匀沉陷，管道漏水、淤积、断裂等现象。管道基础一般可分为弧形素土基础、灰土基础、砂垫基础、混凝土基础、枕基。管道基础类型的选择取决于外部荷载的大小、覆土的厚度、土壤的性质和管道情况。

（1）弧形素土基础。适用于槽底无地下水、土质能保证挖成弧形、管径为小于600mm、管道埋深为0.7～2.0m情况，如图6-16所示，但不适合管道埋设在车道下且埋深小于1.5m、管道为干线以及几种管线合槽施工的情况。

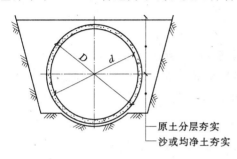

图6-16　弧形素土基础

（2）灰土基础。适用于槽底无地下水、土质较疏松、管径为150～700mm的情况，比较适合于水泥砂浆抹带接口、套管接口、承插接口的管道。

（3）砂垫基础。适用于无地下水、坚硬岩石地区、管道埋深为1.5～3.0m，小于1.5m时不适合采用。

（4）混凝土带形基础。混凝土带形基础是沿管道全长铺设的基础。对地下水位要求不严，适用于各种潮湿土壤、地基软硬不均匀的、管径为200～2000mm、管道埋深0.8～6.0m的情况。无地下水时，可在槽底老土上直接浇筑混凝土基础，有地下水时，常在槽底铺10cm厚的卵石和碎石垫层，然后再在上面浇筑混凝土基础。比较适合于水泥砂浆抹带接口、套管接口、承插接口的管道。

（5）枕基。枕基是仅在管道接口处设置的管道局部基础。适用于干燥土壤，不在车行道下的次要管道。比较适合于水泥砂浆抹带接口其管径不大于900mm、承插接口且管径不大于600mm的管道。

（三）管道接口

管道接口的质量会影响到雨水收集效率，管道接口应具有足够的强度和不透水性，根据接口弹性，可分为柔性接口和刚性接口。接口的具体做法可参阅《给水排水标准图集》。

雨水传输管道中常用的刚性接口为水泥砂浆抹带接口，适用于地基良好，具有带形基础的无压管道。

水泥砂浆抹带接口如图6-17所示，对于平口式、企口式混凝土管，在管子接口处用

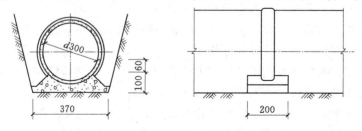

图6-17　管道接口施工图（单位：mm）

1：2.5 水泥砂浆抹成半椭圆形或其他形状的砂浆带，带宽 120～150mm。对于承插式混凝土管，则用水泥砂浆填塞。

三、集雨传输管道施工

1. 集雨传输管道管材选择与纵坡

集雨传输管道可采用地埋塑料排水管或混凝土管。根据《室外排水设计规范》（GB 50014—2006）（2014 年版）中第 3.2.9 条规定，为使管道中的雨水靠自重流动通畅，同时保证在冬季管道内不存水，集雨管的坡度确定为 3‰～5‰，管道纵剖面图如图 6-18 所示。塑料排水管道的坡度可选小值。

室外埋地管道管沟的沟底应是原土层，或是夯实的回填土，沟底应平整，不得有突出的尖硬物体。管顶上部 500mm 以内不得回填直径大于 100mm 的块石和冻土块，500mm 以上部分，不得集中回填块石或冻土。

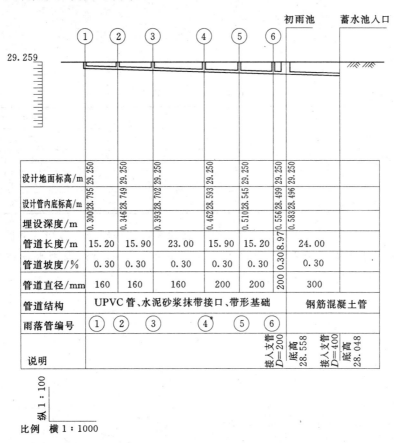

图 6-18 管道工程纵剖面图

2. 施工中要求

（1）施工时要严格保证管道底坡顺直平整，按设计放坡。

（2）在管道三通、拐角处设置支墩，以防管道受外力偏移。

（3）在管道的最低处设置泄水阀，以便冬前排净管道内的水。

（4）管材的质量应符合国家标准，要有质检合格证。

四、雨水传输管道检查井

（1）为保证集雨工程的安全运行，对地下管道进行检查、维护与维修，在管道交汇处、转弯处、管径或坡度改变处、跌水处均设有检查井，如图6-19所示。检查井在直线管渠段上的间距可按表6-9采用。

图6-19　雨水传输管道检查井布置图

表6-9　　　　　　　　　　　　　检 查 井 的 间 距

管径或暗渠净高/mm	最大间距/m	常用间距/m
≤600	50	25～40
700～1100	65	40～55
1200～1600	90	55～70
≥1800	120	70～85

（2）检查井一般采用圆形，由井底、井身和井盖三部分组成。井口、井筒和井室的尺寸，根据《市政工程施工图集3》（第154页）选用ϕ700砖砌圆形雨水检查井，深度为0.5～1.0m。检查井构造如图6-20所示。

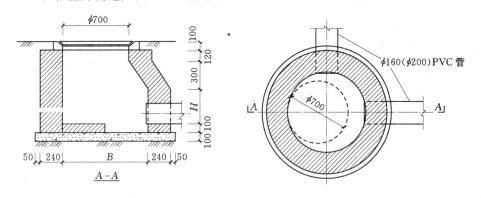

图6-20　雨水检查井结构造图（单位：mm）

检查井井底一般采用低等级混凝土，基础采用碎石、卵石、碎砖夯实。井底设半圆形或弧形流槽以减少水流阻力。流槽两侧至检查井井壁间的底板应有不小于20cm的宽度，以便养护人员下井时立足，并应有0.02～0.05的坡度坡向流槽，以防检查井积水时淤泥沉积。

检查井的井身可采用 MU10 砖，用 M10 水泥砂浆砌筑，井内壁用 1∶2.5 水泥砂浆抹面厚 20mm。检查井井盖可采用铸铁或钢筋混凝土材料。

第五节　常规雨水水质处理

城市雨水用途主要包括：生活杂用（如冲洗厕所、洗衣洗车、消防用水等），市政杂用（如绿地灌溉、构造水景观等），地下水回灌等。不同的回用用途应满足相应的水质标准。冲厕、洗衣、洗车、灌溉等市政与生活杂用应符合《生活杂用水水质标准》（CJ/T 48—1999），回用于景观用水水质应符合《景观娱乐用水水质标准》（GB 12941—1991），回用作物、蔬菜浇灌用水还应符合《农田灌溉水质标准》（GB 5084—2005）要求。雨水回用于空调系统冷却水、采暖系统补水等其他用途时，其水质应达到《空调用水及冷却水水质标准》（DB 131/T 143—94）。

由于城市降雨，其初期径流雨水污染严重，因此收集利用时应考虑初期弃流。屋面收集雨水的处理方法，最初的处理方法为去除初期径流，然后再依据用途和水质状况选择混凝、过滤、消毒等工艺。

一、格栅与筛网

由于雨水中含有较粗的漂浮物，如树叶、果皮、纤维等，为减轻后续处理负荷，采用格栅或筛网对其进行截留。格栅采用金属栅条，可用型钢直接焊接制成，以细格栅为宜（栅条间距为 2～3mm）。筛网采用平面条形滤网，倾斜或平铺放置，滤网间隔应在 0.5～2mm 之间，如图 6-21 所示。对于屋顶径流可不设格栅，直接采用筛网过滤，如图 6-22 所示，能去除绝大部分树叶与粗颗粒物质。可单独设置雨水筛网过滤装置，也可将筛网设置于沉淀池内。

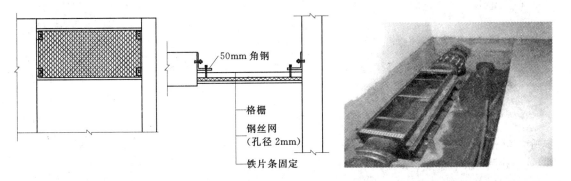

图 6-21　雨水筛网图　　　　　　　　　　图 6-22　筛网式雨水过滤装置

二、沉淀池

沉淀池是解决雨水泥沙与悬浮物的最适用的方法，屋顶径流（去除初雨后）较清洁的雨水在沉淀后能去除 70% 的悬浮物，40% 的有机污染物质，可回用绿地灌溉。

（一）沉淀池形式的选择

沉淀池形式多采用平流式沉淀池，易于建造，沉淀效率高。当雨水流过时，由于过水断面增大，水流速度下降，雨水中夹杂的无机颗粒在重力的作用下下沉，从而达到分离水中无机颗粒的目的。屋面径流雨水，沉淀池停留时间最小不应小于 2min。

（二）沉淀池设计参数

（1）雨水在池内的最大流速为 0.3m/s，最小流速为 0.15m/s。

（2）最大流量时，雨水在池内的停留时间不应小于 1min，一般为 2～3min。

（3）池底纵向坡度一般为 2%～3%，沿宽度方向坡度 1%。

（4）池子的长宽比宜为 3～5，长深比宜为 8～12。

（三）容积确定

1. 设计流量计算

沉淀池的设计流量，当雨水是自流进入沉淀池时，应按降雨时的设计流量计算；当用水泵提升时，应按水泵的最大流量作为设计流量。降雨设计流量计算如下：

由《室外排水设计规范》（GB 50014—2006）（2014 年版）查得

$$Q = q\psi F \tag{6-10}$$

式中　Q——雨水设计流量，L/s；

　　　F——汇水面积，hm²；

　　　q——设计暴雨强度，L/(s·hm²)，取 5 年一遇 5min 雨强；或取 2 年一遇 5min 雨强；

　　　ψ——径流系数，根据《室外排水设计规范》（GB 50014—2006）确定。

2. 有效容积计算

$$V = Qt \tag{6-11}$$

式中　Q——雨水设计流量，m³/s；

　　　t——停留时间，停留时间不应小于 1min，一般取 2～3min。

3. 尺寸确定

（1）池长。

$$L = vt \tag{6-12}$$

式中　v——水平流速，m/s；

　　　t——停留时间，取 120s。

（2）水流断面面积。

$$A = \frac{Q}{v} \tag{6-13}$$

式中　Q——雨水设计流量，m³/s；

　　　v——水平流速，m/s。

（3）池总宽度。

$$B = \frac{A}{h_2} \tag{6-14}$$

式中　h_2——设计有效水深，m；

　　　A——水流断面面积，m²。

（四）结构设计

沉淀池采用钢筋混凝土结构，混凝土强度等级 C20～C30，沉淀池一般呈长方形，沉淀池底板厚 200～300mm，顶板厚 150～200mm，池四壁厚 200～300mm；垫层用 C15 混凝土，厚 100mm。

（1）沉淀池底部要设置斜坡和凹形的储泥斗，利于泥沙或悬浮物的沉淀和排除。

（2）池顶板上设置方便检查人员进出的检查井，用作清淤检修及排泥，进人检修的可设置 ϕ800 检查井。

（3）入口应设整流措施，使水流均匀分布，以避免暴雨急流直接冲入池内，把沉淀的泥沙和沉淀物再次搅动起来。常用的整流措施为挡流板式或穿洞整流墙。挡流板上或洞口处还应设置筛网或格栅，不仅可起到缓冲的作用，而且还可以起到拦截漂浮物作用。

思 考 题

1. 屋面雨水集蓄利用系统由哪些部分组成？

2. 描述屋面雨水水质特点。

3. 影响屋面雨水水质的因素有哪些？

4. 写出不同回用对象的雨水收集工艺。

5. 某建筑屋面为沥青平屋顶，该地区多年平均降水量为 500mm，计算 1000m² 屋面可收集水量。

6. 地面集雨口的作用是什么？类型有哪些？优缺点各是什么？

7. 初期雨水系统装置的作用是什么？

8. 屋顶面积为 500m²，弃除初期降雨 3mm，确定初雨池容积。

第七章 操场雨水收集利用

第一节 操场雨水特征与集蓄流程

一、操场雨水集蓄利用系统组成

操场一般分为环行跑道、足球场、篮排球运动场三个主要功能区及附属器械活动区。根据各区运动要求场地设计不同，雨水利用的形式有别。环行跑道区的雨水利用工程是把塑胶跑道上的降雨通过环沟汇集，经过初沉、过滤，进蓄水池存储利用。足球场可设计成渗水与部分集蓄雨水利用的工程形式，一部分雨水入渗回补地下水，一部分经渗沟汇集的雨水，经过人工草坪与渗沟砂砾过滤净化后，通过渗管直接进蓄水池存储。篮排球场雨水利用可在四周铺装渗沟，沟下铺渗管集蓄雨水。操场雨水集蓄系统组成包括：集雨环沟、初沉池、过滤池、渗沟、渗管、蓄水池及雨水利用系统。

二、操场集蓄雨水过程和水质分析

1. 塑胶跑道集雨过程和水质的考虑措施

塑胶跑道坡度为5‰，坡向跑道内侧集雨暗沟，降雨汇流到暗沟进水孔（200mm×20mm）进入环形集雨沟，经过滤池处理后进入蓄水池。水质检测结果见表7-1。

表7-1　　　　　　　　　　　塑胶跑道水质检测结果

类　别	初　雨	2min
COD_{Mn}/(mg/L)	48.1	24.9
SS/(mg/L)	126	22
NH_3-N/(mg/L)	7.03	5.78

据表中雨水化验数据显示，塑胶跑道径流雨水水质较屋面雨水差，较道路雨水好，因此塑胶跑道上雨水经环沟初沉池初步沉淀后，需再经过滤池处理之后流入蓄水池存储利用。

2. 球场渗沟集雨过程和水质的考虑措施

在操场中间开挖渗沟埋设渗管，降雨在操场上，经过人工草坪与渗沟砂砾过滤进入渗管，渗管坡度为3‰（坡向蓄水池），经渗管进蓄水池。因雨水经草坪和砂砾过滤，检测水质SS为零，其他指标均很低，水质较好，不需再另作处理，即可直接流入蓄水池存储利用。

三、操场集蓄雨水利用工艺流程

操场雨水的收集利用分两种方法进行处理：一是暗管集雨，在操场地埋渗水暗管，收集经土壤过滤的管内渗流，集雨渗管内渗流雨水经土壤、砂砾滤层渗透过滤，水质清洁，不需另作处理导入蓄水池以利用；二是环沟集雨，即在操场跑道内缘环沟收集经过滤池后导入蓄水池利用。操场雨水利用工艺流程如图7-1所示。

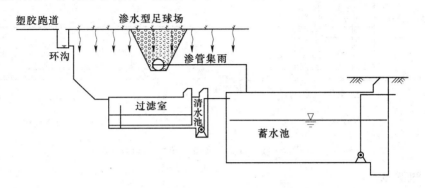

图7-1 操场雨水利用工艺流程示意图

第二节 塑 胶 跑 道 集 雨

一、塑胶跑道内侧环沟

塑胶跑道内侧向操场内开挖，埋设集雨环暗沟（向蓄水池方向3‰放坡），沟净宽400mm，最小净高400mm，沟壁砖墙用M10黏土砖M5水泥砂浆砌筑。预制盖板长760mm，宽500mm，厚度60mm，上有1个（或2个）进水孔，配筋纵向4ϕ8横向6ϕ8。环沟集雨构造如图7-2所示。

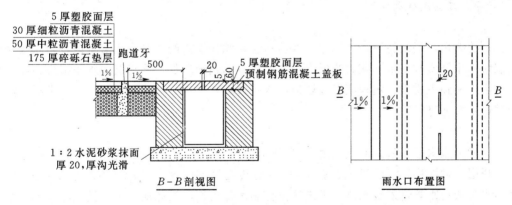

图7-2 环暗沟集雨构造图（单位：mm）

二、初沉池

环沟从起点开始每间隔50m设一个初沉池，沉淀初期环沟雨水。池底距沟底400mm，初沉池上方设两块可移动盖板（盖板长760mm、宽500mm、厚40mm），盖板上留集雨缝。初沉池的透水砖墙做在靠近操场的一侧，用于渗弃环沟内的初期雨水，透水砖墙外侧回填400mm中砂。环沟初沉池构造如图7-3所示。

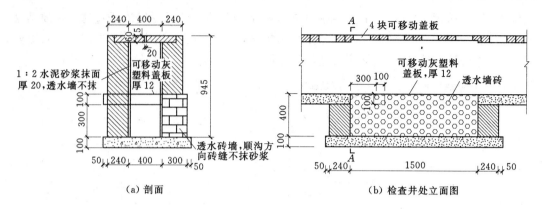

（a）剖面　　　　　　　　　　　（b）检查井处立面图

图 7 - 3　初步沉淀池（单位：mm）

三、过滤池

（一）过滤池的作用及分类

1. 作用

过滤池的作用，使雨水通过具有孔隙的粒状滤料层，利用滤料与杂质间吸附、筛滤、沉淀等作用，截留水中的细微杂质，使水得到澄清。过滤池不仅可以进一步降低水的浊度，而且水中有机物、细菌乃至病毒等将随浊度的降低而被去除。雨水在过滤之前应去除初期雨水，否则滤池极易堵塞。

2. 分类

滤池按滤速的大小可分为快滤池和慢滤池两种。慢滤池由于生产率低已较少使用。随着过滤技术的发展，快滤池型式可分为普通快滤池、无阀滤池、虹吸滤池等。

（二）过滤流程及工艺

1. 过滤流程

过滤时雨水经沉淀池进入滤池，经滤料层、承托层由配水管进入清水池，雨水流经滤料层时水中杂质被截留。随着滤层中杂质截留量的逐渐增加，滤料层中水头损失也相应增加。当水头损失增至一定程度以致滤池产水量锐减，或由于过滤水质不符合要求时，滤池便需停止过滤进行冲洗。

2. 过滤工艺

过滤池来水进入过滤前室，由 PVC 管进入过滤室，分散水槽均匀布水后，经过滤室的承托层、砂滤层过滤后进入开孔 PVC 管道传送至清水池。经过滤后的水流入清水室，经出水管或提水管进入蓄水池。可设液位控制水泵启用，当滤池过水不畅，静水池壅水达设计控制水位，立即由液位传感到电控柜开启水泵，当水位低于最小水位时，电控关闭水泵。

（三）普通滤池的结构形式

1. 滤料层

雨水过滤池设计一般采用单层滤池或双层滤池。单层滤池滤料可采用细砂，滤料粒径以 0.5～1.2mm 为宜，也可粗至 1.5～2.0mm，滤层厚度为 600～1200mm。双层滤池滤料可采用无烟煤和砂层。由于使用率低及操作简易的考虑，雨水过滤可以设置反冲洗装置，也可以通过定期清理更换上层滤料的做法防止滤池堵塞。

（1）滤料层，必须符合以下要求：

1）具有足够的机械强度，以防冲洗时滤料产生严重的磨损和破碎现象。

2）具有足够的化学稳定性，以免滤料与水产生化学反应而恶化水质，尤其不能含有对人体健康和生产有害的物质。

3）具有一定的颗粒级配和适当的孔隙率。滤料的粒径表示颗粒的大小即粗细范围，颗粒的级配是指滤料颗粒大小及在此范围内不同颗粒粒径所占的比例。滤料应尽量就地取材，货源充足，廉价。

（2）常用滤料种类。石英砂是使用最广泛的滤料。在双层和多层滤料中，常用的还有无烟煤、石榴石、钛铁石、金刚砂等。在轻质滤料中，也有用聚苯乙烯球粒、聚氯乙烯球粒等。

（3）滤料级配的确定。滤料颗粒粒径、级配要恰当，滤料过细、过粗或粗、细不均匀都会影响滤池的正常工作。通常用一套不同孔径的筛子对滤料进行筛分以选取滤料。生产上采用的简单方法是用孔径分别为 1.2mm 和 0.5mm 两种规格的筛子过筛，所得滤料粒径便在 0.5～1.2mm 范围内。

滤料粒径与滤层厚度参见表 7－2。

表 7－2　　　　　　　　　　　滤料规格与滤层厚度　　　　　　　　　单位：mm

过滤形式		滤料	滤料规格		滤层深度
			最大粒径	最小粒径	
沉淀过滤	单层	砂层	1.2	0.5	700
	双层过滤	无烟煤	1.8	0.8	300～400
		砂层	1.2	0.5	400
直接过滤	双层过滤	无烟煤	1.8	1.2	400～600
		砂层	1.0	0.5	400～600

2．承托层

承托层是设置在滤料层和配水系统之间的砾石层。它的作用一方面能均匀集水，并防止滤料进入配水系统；另一方面在反冲洗时能均匀布水。承托层的材料一般采用天然卵石或砾石，颗粒最小尺寸 2mm，最大尺寸 32mm，自上而下分层敷设。

3．过滤池结构

过滤池采用钢筋混凝土结构，混凝土强度等级 C30；池呈长方形，池顶设 $\phi800$、$\phi900$ 检查井，用作清淤检修、排泥；设有一个 $\phi600$ 通气孔；一个 $\phi300$ 溢流管。

过滤池结构如北京水利水电学校跑道集雨过滤池如图 7－4 所示。

（四）普通滤池的容积及尺寸确定

1．过滤池设计流量的计算

$$Q = q\psi F \qquad\qquad (7-1)$$

式中　Q——雨水设计流量，L/s；

q——设计暴雨强度，$L/(s \cdot hm^2)$，一般取 5 年一遇 5min 雨强；

ψ——径流系数；

F——汇水面积，m^2。

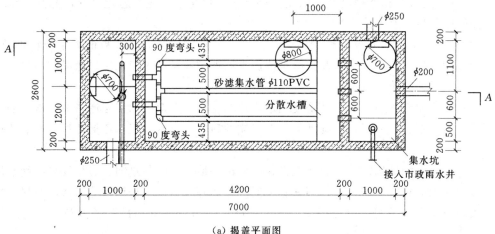

（a）揭盖平面图

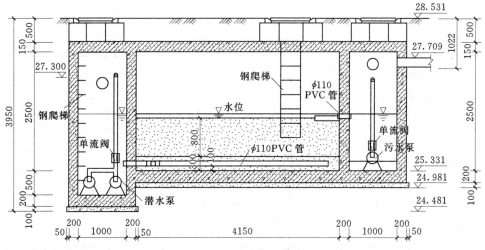

（b）A-A 剖面图

说明：
1. 单位：mm。
2. 滤层厚 800mm，砂粒径 2～4mm；承托层厚 300mm，砾石径为 5～10mm，砾层上铺 150g/m² 土工滤布。
3. 分散水槽深 100mm，超出滤层高度 50mm，固定在墙上。
4. 检查井都采用双层防盗井盖。
5. 在顶板的适当位置预设水泵电缆管。
6. 清水潜水泵和污水泵的设计流量 15m³/h，扬程 6～8m。
7. 施工缝和穿墙管采用 BW-Ⅱ条止水。
8. 砂滤集水管为 ϕ110 波纹塑料管，管上开 2mm×4mm 的缝，沿周长开孔率 10%，管外包 150g/m² 土工滤布。
9. 钢梯、预埋件采用 Q235-A 钢。

图 7-4 北京水利水电学校跑道集雨过滤池图

2. 断面面积计算

$$A=\frac{Q}{v} \qquad\qquad (7-2)$$

式中　Q——设计水量，m^3/s；

　　　v——滤速，m/h，普通滤池滤速为 $15\sim25m/h$；

　　　A——断面面积，m^2。

3. 过滤池容积的确定

$$V=Ah \qquad\qquad (7-3)$$

式中　V——过滤池有效容积，m^3；

　　　A——过滤池断面面积，m^2；

　　　h——过滤池有效水深，m。

4. 过滤池宽度的计算

$$B=\frac{A}{h_2} \qquad\qquad (7-4)$$

式中　h_2——设计有效水深，m；

　　　A——水流断面面积，m^2。

（五）滤池过滤结果分析

过滤结果分析：对水样进行过滤试验，试验结果见表 7-3。

表 7-3　　　　　　　　　　　　　过 滤 试 验 结 果

水样指标	过滤前水样	过滤后的水样	去除效率/%
COD/(mg/L)	158	56	65
SS/(mg/L)	68	10	85
NH_3-N/(mg/L)	3.31	0.5	85
TP/(mg/L)	0.181	0.055	69
TN/(mg/L)	10.9	7.7	30
色度/度	45	20	56

　　结果表明，通过过滤池（图 7-5）过滤的操场雨水，COD 的去除率一般可达 65%，SS 去除率为 88%，色度的去除率为 56%，其他指标也有不同程度的降低。所以对初期弃流后的操场雨水，采用上述收集处理工艺流程，其出水水质能满足《生活杂用水水质标准》（CJ/T 48—1999）。

　　图 7-6 和图 7-7 显示了过滤前后跑道雨水中 NH_3-N 和 SS 的变化。可见过滤池对 NH_3-N 和 SS 有很好的去除效果，过滤后总磷和总氮的含量也

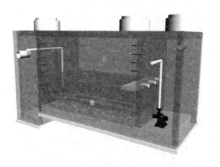

图 7-5　过滤池

105

比较低。

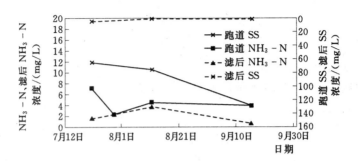

图 7-6　不同场降雨跑道雨水过滤前后水质对比

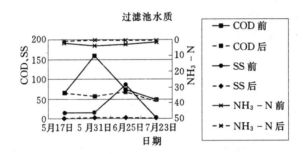

图 7-7　不同场降雨跑道雨水过滤前后水质对比

第三节　足球场雨水利用

一、足球场雨水利用工程的布置方案

足球场雨水利用有两种形式，一是将人工草坪足球场做成渗水结构，雨水经人工渗水草坪下渗，通过透水混凝土层渗透，经砾石垫层过滤后入渗地下。二是在人工草坪渗水结构下开挖渗沟埋设渗水管，渗管采用混凝土透水管或开孔塑料管，在其周围铺设砂砾料滤水层，其开槽回填砂砾料断面，渗沟一般选用梯形上口 2m，下底 1m，埋深 0.4～0.8m（管顶）。经滤料层过滤后渗入渗水管的雨水传输至蓄水池回用。在集水渗管与输水暗管连接处设置检查井，根据市政工程施工图集选用 $\phi700$ 砖砌圆形雨水检查井，深度为 1.0m。

二、渗管管径的确定

由《室外排水设计规范》（GB 50014—2006）（2014 年版）查得

$$D=\sqrt{\frac{4Q}{\pi V}}$$

其中 $\qquad\qquad\qquad\qquad\qquad Q=q\psi F$ $\qquad\qquad\qquad\qquad$ (7-5)

式中　Q——雨水设计流量，L/s；

$\qquad q$——设计暴雨强度，L/(s·hm²)，一般取 5 年一遇 5min 雨强；

$\qquad \psi$——径流系数；

$\qquad F$——汇水面积，m²；

V——集雨管流速，m/s。

三、集雨渗沟与渗管的施工工艺

（1）球场渗管的材料做法如图 7-8 所示。渗透管宜采用穿孔塑料管、无砂混凝土管等材料。塑料管的开孔率应大于 15%，无砂混凝土管的孔隙率应大于 20%，外层采用土工布包覆。渗透管的管径不应小于 150mm。

（2）渗沟构造如图 7-9 所示，管道整体敷设坡度不应小于 3‰，井间管道坡度可采用 1%～2%，渗透层宜采用不同粒径砂砾石。

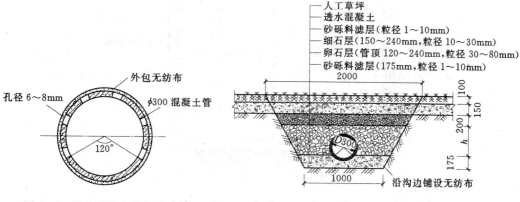

图 7-8 透水混凝土管打孔大样　　　　图 7-9 集雨渗沟断面图

四、足球场蓄水池容积确定

蓄水池容积的确定应根据来水量分析计算而定。来水量包括塑胶跑道雨水产流，人工草坪球场暴雨径流，渗沟入渗汇流水量等三部分组成。设计中主要考虑 5 年一遇的 24h 降雨量所汇集水量进行分析计算。

五、渗水型足球场结构与构造

渗水型足球场构造如图 7-10 所示，其特点是：渗透面积大，透水性好，雨水经过草坪与透水垫层过滤后水质清洁，入渗回补地下水效果良好。足球场经 2004—2006 3 年使用实践证实，50mm 降雨无径流，100mm 降雨无积水，小雨学生踢球不受影响。

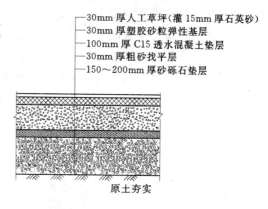

图 7-10 渗水型足球场构造图

第四节　篮排球运动场集雨利用

一、篮排球运动场集雨工程的布置方案

篮排球运动场集雨利用的特点是部分收集存蓄，部分渗透入渗地下，超蓄地面排除。设计通常考虑 5 年一遇标准，可以采用暗管、暗沟等收集方式。在运动场四周开挖渗沟埋设渗水管。渗管采用混凝土透水管或开孔塑料管，在其周围铺设沙砾料滤水层，地面铺装

透水砖。雨水经运动场汇流至四周透水铺装地面下渗，部分雨水渗入汇雨渗管。经透水砖和砂砾料层过滤后进入渗水管雨水，不需处理可直接存入蓄水池回用。在集水渗管与输水暗管连接处设置检查井，如图7-11所示。

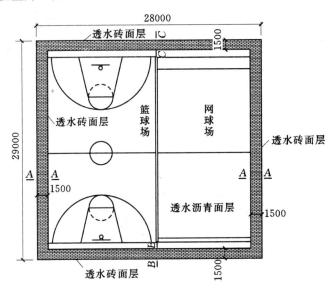

图7-11 透水性运动场平面示意图

二、渗管管径的确定

通过实际观测分析，渗管管径可采用 $\phi300$ 无砂透水混凝土管、开孔混凝土管或 $\phi160$ 塑料开孔管，开孔率要大于 15%。

三、集雨渗沟与渗管的施工工艺

(1) 球场渗管的材料做法如图7-8所示。

(2) 篮排球运动场四周面层透水砖集雨渗沟构造如图7-12所示。

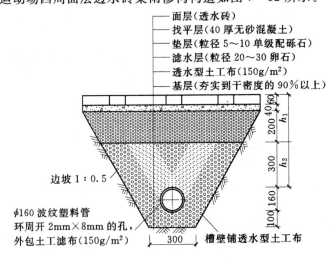

图7-12 渗沟做法断面图

思 考 题

1. 操场雨水集蓄系统组成？
2. 初沉池的作用？如何弃除初雨？
3. 画操场雨水收集工艺平面布置图。
4. 过滤池的作用及组成？
5. 写出过滤池工作和反冲洗的过程。
6. 绘制球场渗管的断面构造。

第八章 雨水入渗与屋顶绿化

第一节 雨水入渗概述

一、雨水入渗的概念及分类

采用各种渗透设施,让雨水回灌地下,补充涵养地下水资源,是一种间接的雨水利用技术,还有缓解地面沉降、减少水涝和海水倒灌等多种效益。促进雨水、地表水、土壤水及地下水之间的"四水"转化,维持城市水循环系统的平衡。雨水利用应与雨水管系建设、城市平面和高程规划有机的结合,既要充分利用雨水资源又要保证人民生活、生产的安全。

雨水入渗可分为分散渗透技术和集中回灌技术两大类,如图8-1所示。

雨水入渗设施见表8-1。

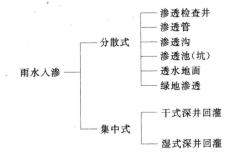

图 8-1 雨水入渗方式

表 8-1 雨水渗透设施分类

种类	设施名称	优 点	缺 点
分散式	渗透检查井	占地面积和所需地下空间小;便于集中控制管理	净化能力低,水质要求高,不能含过多的悬浮固体,需要预处理
	渗透管	占地面积少,便于设置,可以与雨水管系结合使用,有调蓄能力	堵塞后难清洗恢复,不能利用表层土壤的净化功能,对预处理有较高要求
	渗透沟	施工简单,费用低,可利用表层土壤的净化功能	受地面条件限制
	渗透池(坑)	渗透和储水容量大,净化能力强,对水质和预处理要求低,管理方便,可有渗透、调节、净化、改善景观等多重功能	占地面积大,在拥挤的城区应用受到限制;设计管理不当会水质恶化和孳生蚊蝇,干燥缺水地区,蒸发损失大
	透水地面	能利用表层土壤对雨水的净化能力,对预处理要求相对较低;技术简单,便于管理;城区有大量的地面,如停车场、步行道、广场等可以利用	渗透能力受土质限制,需要较大的透水面积,无调蓄能力
	绿地渗透	透水性好;节省投资;可减少绿化用水并改善城市环境;对雨水中的一些污染物具有较强的截留和净化作用	渗透流量受土壤性质的限制,雨水中如含有较多的杂质和悬浮物,会影响绿地的质量和渗透性能

续表

种类	设施名称	优　点	缺　点
集中式	干式深井回灌	回灌容量大，可直接向地下深层回灌雨水	对地下水位、雨水水质有更高的要求，在受污染的环境中有污染地下水的潜在威胁
	湿式深井回灌		

雨水分散式渗透可应用于城区、生活小区、公园、道路和厂区等各种情况，规模大小因地制宜，设施简单，可减轻对雨水收集、输送系统的压力，补充地下水，还可以充分利用表层植被和土壤的净化功能减少径流带入水体的污染物。但一般渗透速率较慢，而且在地下水位高、土壤渗透能力差或雨水水质污染严重等条件下应用受到限制。

雨水集中式深井回灌容量大，可直接向地下深层回灌雨水，但对地下水位、雨水水质有更高的要求，尤其对用地下水做饮用水源的城市应慎重。

二、雨水入渗——涵养补给地下水

城市的发展使不透水地面面积不断增加，雨水径流量相应增加。雨水是宝贵水资源，应通过渗透等方式充分利用雨水以涵养地下水、调节城市生态环境，超渗雨水通过雨水管系将剩余径流安全合理地排除。

我国许多城市资源缺乏，以北京市为例，它是世界上 100 个严重缺水的城市之一，按 21 世纪初统计人口计，人均水资源占有量不足 300m³，低于国际公认的下限 1000m³。1999 年是新中国成立以来最早的一年，北京市降雨量为 399mm，为平均年降雨量的 59%，自然形成的水资源仅为 18.2 亿 m³。而北京市用水量为 40 亿 m³，其中 70% 来自地下水。过度开采使北京市地下水储存量在 1999 年一年中减少了近 15 亿 m³，地下水位下降了 2～3m，以北京东郊为中心形成了一个 2000km² 的漏斗区。地下水的下降又导致地面下沉，自 1966 年以来，北京市地面以每年 10～20mm 的速度下沉。

因此，一方面是使用庞大的雨水排放系统将日益增长的雨水径流排除城市；另一方面却是城市地下水补给的严重不足。如在雨水管道系统设计、用地规划和地面覆盖上首先考虑雨水渗透，合理、充分地利用雨水涵养地下水源，那么既能缓和城市水资源危机，又能增加土壤中的含水量、调节气候，从而改善城市的生态环境，还能减少所需雨水管系容量，即减少雨水管系的投资和运行费用，并减轻城区水涝危害和水体污染。

第二节　雨水入渗设施

一、渗透地面

人工渗透地面主要分为三类：第一类是多孔沥青及多孔混凝土地面；第二类是草皮砖或嵌草铺装；第三类是透水砖地面。它们可用于停车场，交通较少的道路及人行道，特别适用于居民小区。

（一）多孔沥青及多孔混凝土地面

1. 多孔沥青地面构造

典型的多孔沥青地面构造如图 8-2 所示。表面沥青层避免使用细小骨料，沥青重量比为 5.5%～6.0%，空隙率为 12%～16%，厚 50～70mm。沥青层下设垫层，可采用单级配砾石，无砂混凝土或两层碎石做法，上层碎石粒径 5～10mm，厚 50mm，下层碎石粒径 10～30mm，空隙率为 38％～40％，其厚度视所需蓄水量定，因它主要用于储蓄雨水并延缓径流。

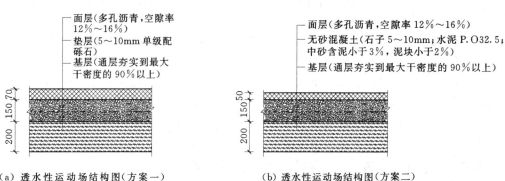

（a）透水性运动场结构图（方案一）　　　　（b）透水性运动场结构图（方案二）

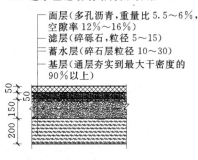

（c）透水性运动场结构图（方案三）

说明：
1. 图中单位：mm。
2. 基础必须在开挖后修整找平，并夯实到最大干密度的 90％以上，夯实层厚度必须大于 20cm。
3. 垫层现场干密度应大于最大干密度的 90％。
4. 无砂混凝土强度 C15，渗透系数大于 0.5mm/s，干容重大于 1800kg/m³。
5. 无砂混凝土中石子 5～10mm，5mm 以下含量不大于 35％（体），含泥小于 2％，泥块小于 0.7％，针片状石子含量小于 2％。
6. 无砂混凝土配比水泥：砂：石子：水为 1：0.8：4.83：0.3。
7. 多孔沥青混凝土配合比通过实验确定。

图 8-2　透水性运动场构造

2. 多孔混凝土地面构造

多孔混凝土地面构造与多孔沥青地面类似，只是将表层改换为无砂混凝土，其厚度约为 100～150mm，空隙率 15％～25％。多孔沥青及多孔混凝土地面已广泛应用于雨水渗透场所。

透水性混凝土结构：单一级粒径的粗骨料堆积形成混凝土骨架，水泥浆或含有少量细骨料的砂浆薄层包裹在粗骨料颗粒的表面，作为骨料颗粒之间的胶结层，形成多孔的堆聚结构。

强度和渗透系数成反比的关系，强度增大的同时渗透系数必然降低，但两者之间不成线形关系。

（二）透水砖地面

1. 透水砖地面构造

城区有大量的地面，如停车场、步行道、广场等都可以利用透水砖地面。透水砖地面分为透水性人行路面，透水性车行路面，透水性铺装广场。如图 8-3 所示，透水路面根据各层的功能分为路基土层、垫层、找平层、透水路面砖层等结构，应根据路面的使用功能、地基状况进行路面的设计和施工。根据垫层材料的不同，透水路面的垫层结构分为三种，见表 8-2，应根据路面的功能、地基投资规模等因素综合考虑进行选择。透水砖路面构造做法如图 8－3 和图 8－4 所示。

表 8－2　　　　　　　　　　透水路面的垫层结构形式

编号	垫层结构	找平层	面层	适用范围
1	10～30cm 透水混凝土	（1）细石透水混凝土。 （2）干硬性砂浆。 （3）粗砂、细石厚度 1～3cm	透水路面砖	人行道、轻交通流量路面、停车场
2	15～30cm 砂砾料
3	10～20cm 砂砾料＋5～10cm 透水混凝土

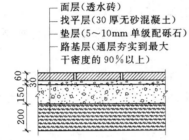
（a）透水性人行道路路面构造图

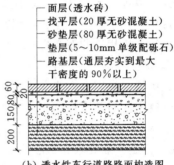
（b）透水性车行道路路面构造图

说明：
1. 图中单位：mm。
2. 图 8－3(a)适用于道路两侧人行道、绿地甬道和广场等无机动车通过的场地。
3. 图 8－3(b)适用于居住小区车流量少，汽－10 以下车辆通过的道路。
4. 路基必须在开挖后修整找平，并夯实到最大干密度的 90% 以上，夯实层厚度必须大于 20cm。
5. 垫层现场干密度应大于最大干密度的 90%。
6. 无砂混凝土强度 C15，渗透系数大于 0.5mm/s，干容重大于 1800kg/m³。
7. 面层铺完后需用 1:3 的水泥、粗砂均匀拌和料灌注砖缝，灌后及时清扫。

图 8－3　透水性路面构造图

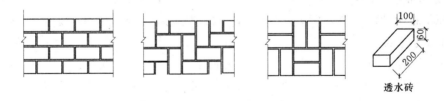

图 8－4　透水砖铺装布置图

2. 透水性路面砖的基本配方

透水性路面砖的基本配方见表 8－3。

表 8－3　　　　　　　　　　透水路面砖基本配方

配方项	水泥	石子	砂	水	减水剂	增强剂 A	容重/(kg/m³)
所占比例	1	3～4	0.5～0.8	0.25～0.30	2%～3%	6%～8%	2000～3000

水泥采用 P.O42.5 水泥，石子采用 5～10mm 单级配；砂子采用 2.5mm 粒径以下的细砂，混凝土的密度控制在 2000～3000kg/m³；集灰比（砂石集料与胶凝材料）为 3.5～

4.5；水灰比为 0.25～0.35，砂率为 15%～20%；减水剂掺加量 2%～3%；增强剂 A 掺加量 6%～8%。

3. 透水路面施工技术要求

为确保透水路面的施工质量，在强度、透水性能等方面满足雨洪利用的要求，需要在施工过程中对各阶段的施工质量进行监测和控制。现对施工提出具体质量控制要求如下：

(1) 路基土层。路基在修整找平后应压实或夯实，现场每 100m² 用环刀取一组试样（2 个），测定干密度，干密度值应大于最大干密度的 90%。

挖除旧路基，清理土方，并达到设计要求的深度。检查纵坡、横坡及边线是否符合设计要求。修整路基，找平碾压，保证达到密实度设计要求。对于路基土应进行土工试验检测，对碾压或夯实提出相应的控制指标。对于壤土、黏土应按压实度指标控制，一般相对密度要求大于 0.65。

(2) 垫层。垫层材料应符合北京市政工程技术规范，除要求一定的强度、耐久性外，还应具有一定的透水性和蓄水性，渗透系数不应小于 10^{-3}cm/s，材料可用连续级配砂砾料、透水混凝土等。

1) 垫层质量控制一般要求。垫层质量是制定路面承载力、控制路面变形的主要条件，其施工质量至关重要，应按下列指标进行相应的控制：

a. 砂砾料垫层的压实度应按相对密实度指标指控，一般要求相对密实度应达到 0.65 以上。

b. 透水混凝土垫层的密度达到 95% 以上，强度达到设计指标，一般要求大于 20MPa，透水系数大于 0.1mm/s。

c. 厚度允许偏差为设计厚度的 10%，且不大于 2cm；宽度不得小于设计宽度；纵坡高程允许偏差 1cm。

d. 表面平整均匀，没有浮石、砂窝及梅花现象。

2) 无砂混凝土垫层。

a. 原材料质量要求。对于铺设无砂混凝土垫层所需的水泥、砂子、石子应进行送检，并按有关规范做常规检测。

水泥应达到 P.O32.5、P.S32.5 以上标号的水泥，不得使用快硬水泥、早强水泥及受潮变质过期的水泥。砂子应采用中砂，含泥量不大于 3.0%，泥块不大于 2.0%；石子粒径在 5～10mm 之间，5mm 以下颗粒含量不大于 35%（体积比），含泥量不大于 2.0%，泥块不大于 0.7%，针片状颗粒含量不大于 2.0%。

b. 垫层检测。每铺装 500m² 无砂混凝土垫层应取一组试样进行检测，每组试样 3 块。

(a) 取样方法：用直径 100mm 岩芯钻取样，深度为整个垫层厚度。

(b) 取样时间：垫层铺设完 72h 后、铺透水砖前取样。

(c) 技术要求：干容重应大于 1800kg/m³；渗透系数大于 0.5mm/s；抗压强度大于 15MPa；垫层厚度允许偏差为设计值的 10%，且不大于 1cm；连通空隙率大于 14%。

c. 施工工艺及技术要求。

(a) 透水混凝土垫层的配合比应根据设计指标，通过实验确定合适的配合比。参考配合比，P.O32.5 水泥：砂：石子：水=1：0.8：4.0：0.3。

（b）按照实验配合比进行配制，严格控制水泥用量和水灰比，采用现场人工拌和或机械搅拌，一般搅拌时间为 3～5min。

（c）将搅拌好的混凝土平整地摊铺在路基上，然后采用机械或人工方法进行碾压或夯实，使之达到要求的密实度。

3）单级配砾石垫层。

a.对于铺设砾石垫层所需的砾料应检测以下指标。

（a）砾石的级配：垫层应为 5～10mm 单级配砾石，含泥量不大于 2.0%，泥块不大于 0.7%，针片状颗粒含量不大于 2.0%。

（b）最大干密度：在垫层夯实后用灌砂法检测现场干密度，现场干密度应大于最大干密度的 90%。

（c）垫层厚度：现场检测垫层厚度，垫层厚度允许偏差为设计值的 10%，且不大于 2cm。

b.施工工艺及技术要求。

（a）摊铺虚厚度每层一般不应超过 30cm。

（b）摊铺砂砾料应均匀一致，无粗细颗粒分离现象。

（c）摊铺时发现沙窝及梅花现象，应将多余的砂或砾石挖出，分别掺入砾石或砂进行处理。

（d）砂砾料垫层的砂石铺摊长度在 30～50m 时，开始泼水，洒水量与气温、气候干湿及砂石料的含水量有关，以使全部砂石湿润为度。泼水后待表面稍干即可开始碾压，使之达到要求的相对密实度。

（3）找平层。为了保证透水路面砖铺设平整，一般垫层上部铺设 3～5cm 的找平层。找平层一般采用砂子、细石、细石透水混凝土、干硬砂浆等材料。

砂子应符合《普通混凝土用砂质量标准及检验方法》（JGJ 52—92）的有关规定，一般选用粗砂，细度模数大于 2.6。

细石应符合《普通混凝土用碎石或卵石质量标准及检验方法》（JGJ 53—92）的有关规定，粒径宜好在 3～5mm 之间，单级配，1mm 以下颗粒含量不应大于 35%（体积比）。

细石透水混凝土宜采用 3～5mm 的石子或粗砂，其中含泥量不大于 1%，泥块含量不大于 0.5%，针片状颗粒含量不大于 10%。其参考配合比为 P.O32.5 水泥：细石（粗砂）：水＝1：（3～4）：0.30。

为保证透水砖的平整，找平层应拍打密实，厚度控制在 1～3cm。

（4）透水路面砖。施工所用透水路面砖每 2 万块取一组试样送检，每组试样 12 块，应完整无损。主要检测项目：抗压强度：大于 30MPa；抗折强度：大于 3MPa；**渗透系数**：大于 0.1mm/s；抗冻标号：大于 25 次；磨坑长度：小于 35mm。

1）施工工艺及技术要求。

a.根据设计图案铺设透水砖。

b.铺砖时应轻轻平放，用橡胶锤敲打稳定，但不得损伤砖的边角。

c.铺设好的透水砖应检查是否稳固、平整，发现活动部位应立即修整。

d.透水砖铺设后的养护期不得少于 3 天。

e. 为保证透水砖的稳定牢固，将水泥、砂拌和均匀的干料（水泥∶砂子＝1∶3）灌注到透水砖之间的缝隙，灌缝后要及时清扫以保证透水砖表面的清洁。

2）透水路面砖铺设质量标准。

a. 平整度：允许偏差不大于 8mm。

b. 横坡允许偏差：±0.5%。

c. 相邻两块砖高差：不大于 3mm。

d. 不得有活动的砖和凹凸不平现象。

e. 图案完整美观，符合设计要求。

f. 纵坡、横坡坡度符合设计要求。

（三）草皮砖与嵌草铺装雨水入渗

1. 草皮砖

草皮砖也称嵌草砖，是带有各种形状空隙的混凝土块，开孔率可达 20%～30%，因在空隙中可种植草类而得名，特别多用于城区各类停车场、生活小区及道路边。它除了有渗透雨水的作用，还有美化环境的效果，国内建材市场上有成品出售，便于采用及推广。

草皮砖地面因有草类植物生长，与多孔沥青及混凝土地面相比，能更有效地净化雨水径流及调节天气温度和湿度。试验证明它对于重金属如铅、锌、铬等有一定去除效果。植物的叶、茎、根系能延缓径流速度，延长径流时间。草皮砖地面的径流系数为 0.05～0.35，取决于其基础碎石层的蓄水性能、地面坡度等因素。

国外资料介绍：渗透地面成本比传统不透水地面高出 10% 左右，但综合考虑因径流量减少，地面急流时间延长而导致雨水管道长度缩短及管径减小，雨水系统的总投资可减少 12%～38%，而且还可产生较大的环境及社会效益。

常用草皮砖形式如图 8-5 所示。

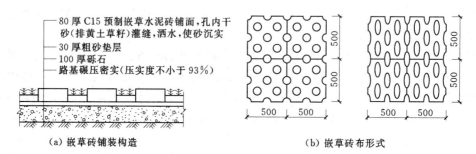

　80 厚 C15 预制嵌草水泥砖铺面,孔内干
　砂(排黄土草籽)灌缝,洒水,使砂沉实
　30 厚粗砂垫层
　100 厚砾石
　路基碾压密实(压实度不小于 93%)

（a）嵌草砖铺装构造　　　　　（b）嵌草砖布形式

图 8-5　常用草皮砖形式

2. 嵌草铺装

嵌草铺装有渗透、滞蓄雨水，调节空气湿度，改善周围环境等作用。多用于步行道、园路等。

嵌草铺装多采用毛石嵌草（图 8-6）或块石嵌草。嵌草铺装在结构上没有基层，其下面有一个壤土（砂）垫层，这样的路面结构有利于草皮地存活与生长。

（四）砖侧砌渗水园路

砖侧砌渗透园路利用不同色彩的砖块材料，拼装组合，造型各异，景观效果好；同时

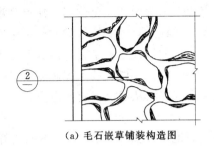 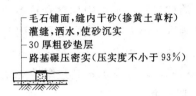

（a）毛石嵌草铺装构造图　　　　（b）毛石嵌草铺装结构详图

图 8-6　毛石嵌草铺装

它构造简单，施工方便。因砖侧砌有缝隙大、粗砂垫层透水性好等特点，降雨不积水，入渗回补地下水，改善生态景观环境效果理想，做法如图 8-7 所示。

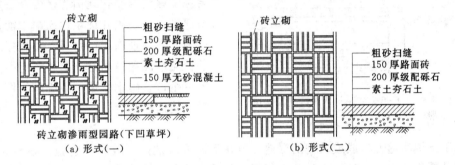

图 8-7　砖侧砌渗水型园路构造图

砖侧砌渗透园路构造：

（1）面层砖。为普通砖（240mm×120mm×60mm）或广场砖（300mm×150mm×60mm），根据承载力不同，选择不同尺寸，要求砖面平整、耐磨，并且有足够的抗压强度。面层铺完后用粗砂灌注砖缝，灌后及时清扫，以确保砖立砌稳固。

（2）垫层。铺装的渗透效果除面层透水性外，还取决于垫层的渗透性，与垫层有效孔隙率和厚度有关，垫层的厚度、渗透系数和有效孔隙率越大，透水地面滞蓄和下渗雨水的量越大。

砖侧砌渗透园路可采用 150 厚粗砂层（人行园路），200 厚级砂砾石层或无砂混凝土（承载力不大于 5t 园路）。

中砂垫层：宜采用冲洗或筛分之后的中砂，保证其含泥量少，透水性好。

砂砾石层：垫层应为 5～10mm 单级配砾石，含泥量不大于 2.0%，泥块不大于 0.7%，针片状颗粒含量不大于 2.0%。

无砂混凝土层：具有一定的强度、耐久性，还具有一定的透水性和蓄水性。

（3）路基层。路基必须在开挖后修整找平，并夯实到最大干密度的 90% 以上，夯实厚度必须大于 20cm。

二、绿地雨水入渗

绿地是一种天然的渗透设施，主要优点有：透水性好；城市有大量的绿地可以利用，节省投资；一般生活小区建筑物周围均有绿地分布，便于雨水的引入利用；可减少绿化用水并改善城市环境；对雨水中的一些污染物具有较强的截留和净化作用。缺点是渗透流量受土壤性质的限制，雨水中如含有较多的杂质和悬浮物，会影响绿地的质量和渗透性能。

绿地雨水入渗有下凹式绿地和封闭滞雨式绿地两种形式。对于新建道路和绿地建议选用下凹式绿地进行雨水入渗；对于原有绿地高于路面的，建议栽装路牙砖建成封闭式绿地进行雨水滞渗，若滞蓄水量超过绿地的允许耐淹深度，则从溢流口直接溢出。

1. 下凹式绿地

对于土壤渗透性较好的绿地，可采用下凹式绿地，如图 8-8 所示。下凹式绿地可消纳绿地本身径流和相同面积不透水铺装地面的雨水径流，无径流外排。绿地下凹深度宜为 10cm 左右，具体应经计算确定。要保证绿地与硬化地面连接处有一定的下凹深度，以便硬化铺装地面雨水能自流入绿地。在绿地内建雨水口，将超标准降雨的径流或绿地内超过草木耐淹范围内积水溢流至市政雨水管道。溢流口的设计应与景观构造相结合。

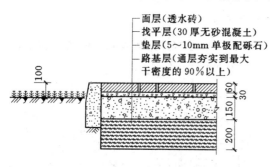

图 8-8　下凹式草坪与透水砖铺路构造

面层（透水砖）
找平层（30 厚无砂混凝土）
垫层（5～10mm 单极配砾石）
路基层（通层夯实到最大干密度的 90% 以上）

2. 下凹式绿地＋增渗设施

对于土壤渗透性一般或较差的绿地，可在下凹式绿地内建设增渗设施，如图 8-9 所示，使其同样达到消纳绿地本身和外部相同不透水面积径流的效果。增渗设施的形式和技术参数应根据植被、土壤、地形等情况确定。绿地内植物品种和布局要与绿地入渗设施布局相结合。

3. 路牙砖建成封闭式绿地（图 8-10）

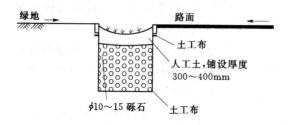

绿地　　路面
土工布
人工土，铺设厚度
300～400mm
φ10～15 砾石　土工布

图 8-9　渗透浅沟的草坪调蓄和渗透

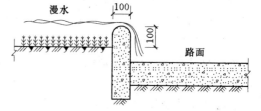

漫水　　路面

图 8-10　高台绿地围坎蓄雨型式
剖面图（顶部溢流）

三、渗透池

1. 地面渗透池

当土地可得且土壤渗透性能良好时，可采用地面渗透池。池可大可小，也可几个小池综合使用，视地形条件而定。

地面渗透池有的是季节性充水，如 1 个月中几次充水、1 年中几次充水或春季充水秋季干涸，水位变化很大。有的渗透池则是一年四季均有水。在地面渗透池中宜种植植物。季节性池所种植植物应既能抗涝又能抗旱，并视池中水位变化而定。常年存水的地面渗透池与土地处理系统中的"湿地"相似，宜种植耐水植物及浮游性植物。它还可作为野生动物的栖居地，有利于改善生态环境。利用天然低洼地作地面渗透池是最经济的。若对池底再作一些简单处理，如铺设鹅卵石等透水性材料，其渗透性能将会大大提高。

渗透池的最大优点是渗透面积大，能提供较大的渗水和储水容量；净化能力强；对水质和预处理要求低；管理方便；具有渗透、调节、净化、改善景观等多重功能。缺点是占地面积大，在拥挤的城区应用受到限制；设计管理不当会造成水质恶化，蚊蝇孳生，和池底部的堵塞，渗透能力下降；在干燥缺水地区，蒸发损失大，需要兼顾各种功能做好水量平衡。适用于汇水面积较大、有足够的可利用地面的情况。特别适合在城郊新开发区或新建生态小区里应用。结合小区的总体规划，可达到改善小区生态环境，提供水的景观、小区水的开源节流、降低雨水管系负荷与造价等一举多得的目的。

2. 地下渗透池

当地面土地紧缺时，就不得不利用地下渗透池，实际上它是一种地下储水装置，利用碎石空隙、穿孔管、渗透渠等储存雨水。地下渗透池种类多样，形状各异，图8-11所示。

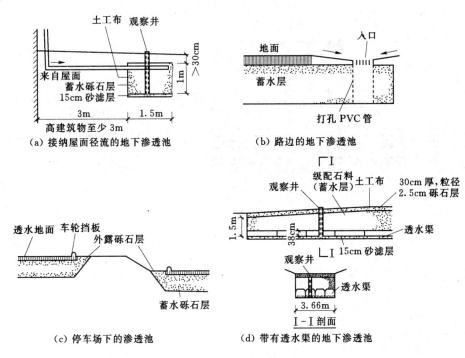

（a）接纳屋面径流的地下渗透池　　（b）路边的地下渗透池

（c）停车场下的渗透池　　（d）带有透水渠的地下渗透池

图8-11　地下渗透池

四、渗透井

渗透井包括深井和浅井两类，前者适用水量大而集中，水质好的情况，如城市水库的泄洪利用。城区一般宜采用后者，其形式类似于普通的检查井，但井壁做成透水的，在井底和四周铺设 10～30mm 的碎石，雨水通过井壁、井底向四周渗透。

渗透井的主要优点是占地面积和所需地下空间小，便于集中控制管理。缺点是净化能力低，水质要求高，不能含过多的悬浮固体，需要预处理。适用于拥挤的城区或地面和地下可利用空间小、表层土壤渗透性差而下层土壤渗透性好等场合。

设计时可以选择将雨水口及雨水管线上的检查井、结合井等改作为渗井。渗透浅井两种作法：①渗井下部依次铺设砾石层和砂层，依靠渗透井底部的扩散能力使雨水下渗；②将渗透井壁及其连接雨水管均做成透水性，大大提高了渗透能力，但要注意渗透对周边建筑物地基的影响。

渗井的直径：一般根据渗透水量和地面的允许占用空间确定，如果同时用作管道检查井，还要兼顾人员维护管理的要求，直径应适当增大。由于渗透水位越高，渗透量越大，故渗井深度加大能提高渗水量，但应注意与地下土层和地下水位的关系。既要保证渗透效果，又不会污染地下水。

渗井壁：可以使用砖砌、钢筋混凝土浇筑或预制，其强度应满足地面荷载和侧壁土压力要求。

渗井由于同样存在渗透堵塞的问题，所以应考虑截污、弃流等预处理措施。

经过预处理的雨水，水质达到回灌地下水标准，可利用辐射井回灌雨水。通过水平管向四周扩散，提高入渗回灌效果。辐射井构造如图8-12所示。

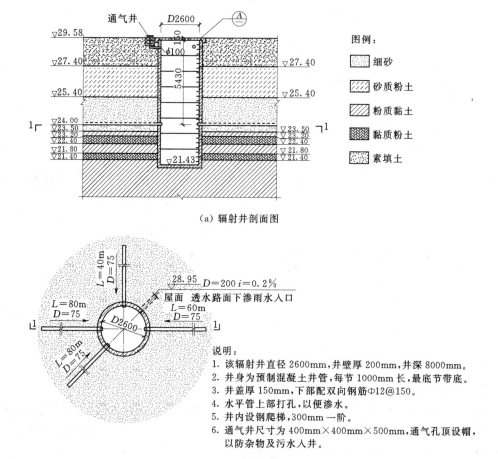

（a）辐射井剖面图

说明：
1. 该辐射井直径2600mm，井壁厚200mm，井深8000mm。
2. 井身为预制混凝土井管，每节1000mm长，最底节带底。
3. 井盖厚150mm，下部配双向钢筋Φ12@150。
4. 水平管上部打孔，以便渗水。
5. 井内设钢爬梯，300mm一阶。
6. 通气井尺寸为400mm×400mm×500mm，通气孔顶设帽，以防杂物及污水入井。

（b）1-1剖面图

图8-12 辐射井构造

五、渗透管沟

渗透管一般采用穿孔 PVC 管，或用透水材料制成。汇集的雨水通过透水性管渠进入四周的碎石层，再进一步向四周土壤渗透，碎石层具有一定的贮水、调节作用。它可以与雨水管系、渗透池、渗透井等综合使用，也可以单独使用。日本和德国在这方面有较成熟的经验。

渗透管沟的优点是占地面积少，管材四周填充粒径 20～30mm 的碎石或其他多孔材料，有较好的调储能力。缺点是一旦发生堵塞或渗透能力下降，很难清洗恢复。而且由于不能利用表层土壤的净化功能，对雨水水质有要求，应采取适当预处理，不含悬浮固体。在用地紧张的城区，表层土渗透性很差而下层有透水性良好的土层、旧排水管系的改造利用、雨水水质较好、狭窄地带等条件下较适用。一般要求土壤的渗透系数明显大于 10^{-6} m/s，距地下水位要有一定厚度的保护土层。

可以采用地面敞开式渗透沟或带盖板的渗透暗渠，弥补地下渗透管不便管理的缺点，也减少挖深和土方量。渗沟可采用多孔材料制作或做成自然的带植物浅沟，底部铺设透水性较好的碎石层。特别适于沿道路、广场或建筑物四周设置。

六、综合渗透设施

在规划设计时，要根据现场的地质条件、地形地貌、高程、绿地、地下管线等构筑物布局、当地气候降雨特点、雨水水质和总体规划等，充分考虑各种渗透设施的优缺点和适用条件，经过认真的水力和水量平衡计算，进行不同方案技术经济分析和比较。可根据具体工程条件将各种渗透装置进行组合。例如以下几种综合渗透设施的方案：

方案 1：渗透地面、渗透池、渗透井和渗透管组合的综合渗透设施。其优点是可以根据现场条件的多变选用适宜的渗透装置，取长补短，效果显著。如渗透地面和绿地可截留净化部分杂质，超出其渗透能力的雨水进入渗透池（塘），起到渗透、调节和一定净化作用，渗透池的溢流雨水再通过渗井和滤管下渗，可以提高系统效率并保证安全运行。缺点是装置间可能相互影响，如水力计算和高程要求；占地面积较大。

方案 2：渗沟、渗透地面和渗透池（景观）相结合的综合渗透设施。适合于水质较好的场合。

方案 3：考虑平顶屋面初期雨水的污染，设置初期雨水弃流装置，雨水经过绿地进一步去除部分 SS 和污染物后再进入渗井和渗透管。这种方案占地面积较小，适合在小区建筑物附近采用。

七、渗透装置的堵塞

房屋及地面的初期雨水径流带有一定量的悬浮颗粒和杂质，对于渗透装置或土壤层可能有堵塞作用。沥青多孔地面经吸尘机抽吸（每年吸 3 次）或高压水冲洗后，其空隙率基本能完全恢复。多孔混凝土地面至今未见有堵塞报道。北京建筑大学材料实验室所制作的无砂混凝土块（孔隙率 18%，渗透系数 0.85cm/s）作堵塞试验，模拟北市年平均降雨量 600mm，向试块中灌入多种浓度的含泥沙试验浊水，当试验浊水的 SS 为 1000mg/L 及 2000mg/L 时，试块的渗透系数不变，当浊水 SS 增至 3000mg/L，渗透系数减少 8%，当 SS 增至 4000mg/L 时渗透系数减少 25%，表现出一定程度的堵塞。实际上北京市普遍使用的沥青屋面初期雨水径流是 SS 仅为 100～250mg/L，路面径流的 SS 也仅为 1000～

3000mg/L，而且是短期的，降雨后期分别降为 20～50mg/L 和 300～400mg/L。试验证明多孔混凝土地面不易堵塞。但为了安全起见，应尽量去除径流中易造成堵塞的杂质，并对渗透装置加强管理，定期清理。

在渗透设施的选址要求中，强调渗透表面距最高地下水位或不透水岩层 1.2m 以上，这是为了保证有一定土壤厚度以净化径流，是控制地下水污染的唯一措施。此外，渗透装置中多使用过滤纤维层，俗称土工布，它是一种较好的过滤材料。对细小颗粒杂质有较强的阻隔作用。为了安全起见，提倡径流先进入绿地、花坛、再进入渗透设施，以充分利用植被和土壤表面的净化能力。对污染较重的初期径流宜设置初期弃流装置及适当的净化措施。

第三节　屋顶绿化雨水利用

雨滴在降落过程中虽受大气中杂质的污染，但据历年测定数据得知天然雨水的 COD 为 20～60mg/L，SS 小于 10mg/L，因此天然雨水落地之前仅受轻微污染。

最有效地改善屋面径流水质、保护地下水的措施是控制屋面径流的污染源，即使用污染性小的屋面材料。应该对油毡类屋面材料的使用加以限制，逐步淘汰污染严重的品种。一些城市有计划地对这类旧屋顶进行改造，不仅美化了市容，还解决材料老化漏水、保温抗寒效果差等问题，改善了居民的居住条件，也很好地控制了屋面污染源。如新建建筑物建议使用板式、瓦质屋面及环保性涂料并建议对已有的沥青油毡平屋面进行平改坡工程，使用轻钢压型板等。

一、屋面径流土壤渗透工程

屋面径流土壤渗透的工程实施比较简单，无论在新建区还是在已建区均可实现。利用建筑物四周的一些花坛和绿地来接纳屋面雨水，即美化环境，又净化了雨水。在满足植物正常生长的要求下，尽可能选用渗滤速率和吸附净化污染物能力较大的土壤填料。一般厚 1m 左右的表层土壤渗透层有很强的净化能力。

1. 利用花坛和绿地

使屋面径流直接进入花坛或绿地自然渗透，植被不仅有利于净化径流还能防止冲刷引起的水土流失。在竖向设计时应尽量降低绿地高程以使之兼有一定贮水能力。若有条件，还可在绿地中设置顶宽 1～2m、深 0.1～0.3m 的截面呈倒三角形的土质浅沟，沟中种草，用于储存和滞留屋面径流以利于渗透。

2. 利用地下渗透管沟

对某些绿地面积小或有种种限制的已建区，则可使用地下渗透管沟。它们由无砂混凝土或穿孔混凝土管等透水材料制成，四周填有粒径 10～20mm 的砾石贮水。屋面径流可直接进入渗透管沟或通过花坛、绿地初步渗透后再进入渗透管系。渗透管沟的长、宽、高需据所选用的暴雨重现期、屋面面积等通过计算后确定。

为充分利用土壤渗透的净化能力，需重视高程规划，尽可能降低绿地的标高。若有条件还可适当改良土壤性质，用人工级配土壤替代渗透系数太小的天然土壤，以增加土壤的渗透和净化能力。

二、屋顶绿化雨水利用

（一）屋顶绿化类型与形式

屋顶绿化是一种削减径流量、减轻污染和城市热岛效应、调节建筑温度和美化城市环境新的生态技术，也可作为雨水集蓄利用和渗透的预处理措施，提高雨水水质并使屋面径流系数减小到 0.3。既可用于平屋顶，也可用于坡屋顶，屋顶绿化效果如图 8-13 所示。

图 8-13 屋顶绿化

种植屋顶有两类：第一类是地上楼房屋顶，就是抬在空中的地面。这类屋面覆土较薄，一般不超过 30cm，若种乔木须单作树池。第二类是地下建筑顶板上种植。这类屋面覆土较厚，常在 1m 以上，建筑四周无女儿墙分隔，种植土和大地相连成片。

屋顶绿化形式有三种：第一种，全屋面覆土种植，这种方式绿化效果最佳，尽量采取这种形式；第二种，大小乔木、灌木均用树池，与小片草坪相结合；第三种，盆栽屋面上全部用大小花盆、花槽，摆齐放满，这种形式绿化较差，但防水简单易行，摆放布局灵活，根据需要可以随时改变。

植物和种植土壤的选择是屋顶绿化的技术关键，防渗漏则是安全保障。植物应根据当地气候和自然条件，筛选本地生的耐旱植物，还应与土壤类型、厚度相适应。上层土壤应选择孔隙率高、密度小、耐冲刷、且适宜植物生长的天然或人工材料。

（二）种植屋面构造（从上至下为序）

1. 种植土

种植土可以用野外的田土，也可以用生土，掺加动物粪便、草木灰、切碎杂草、树叶糠、珍珠岩、蛭石等混合，增加土壤肥力，减轻荷载。

土层厚度依植物而定：草坪 15～20cm，小灌木 30cm，大灌木 50cm，乔木 80cm以上。

土层厚度不能少于 15cm，土层太薄，没有蓄水能力，每天要浇水，否则干透。逢雨季应有足够的排水能力，积水多，植物烂根，特别种植蔬菜，更不能太薄。从保温和隔热以及吸声考虑，也不能太薄。

2. 隔离过滤层

为了防止种植土被水带入排水层流失，故在种植土下放置一层隔离层。隔离层采用无纺布或玻纤毡，可以透水，又能阻止泥土流失。

3. 排水层

大雨或人工浇灌水过多时，种植土吸水饱和，多余的水应排出屋面。排水层采用卵石，粒径不大于3cm。总厚度5～6cm。排水层又可作蓄水层，多余水蓄在卵石层内，当种植土干燥时，又可返吸入土中。现在有多孔硬泡板，可吸收大量水，供给种植土返吸。蓄水层具有节约用水，又能保持土壤湿润的作用。

4. 防根穿刺层

植物根有很强的穿刺能力，特别树根，年代越久，扎的越深，并且分泌一种腐蚀力强的液汁，许多防水材料经受不住。目前我国防水材料中可以入选的有三种：①铝合金卷材。厚度为0.8～1.2mm，耐腐蚀，防水性能好，焊接施工，耐久性好。古代建筑屋顶，使用500年之久；②高密度聚乙烯种低密度聚乙烯土工膜，厚度为1～1.5mm，焊接合缝；③聚氯乙烯，焊接施工，厚度为1.2～1.5mm。

5. 隔离层

有时候出现防根穿刺层和防水层不相容现象，为此中间加一道隔离层。隔离层采用聚乙烯膜、玻纤布、无纺布或抹一道水泥砂浆均可。

6. 防水层

卷材或防水料均可。如用高分子卷材，拒绝粘结合缝。种植屋面应为二级建筑设防。至少两道防水。如果发生渗漏，翻工维修很困难，花费大。

7. 砂浆基层

一般做15～30mm厚水泥砂浆找平层，作为保温层的基层。

8. 保温层

覆土较薄的严寒地区，应考虑保温。

在严寒地区种植屋面的边墙，要考虑种植土冻胀对边墙的推力。

（三）屋顶绿化荷载分析

（1）屋顶负荷。根据建筑物所能承受的屋顶负荷能力，选择适宜的活负荷、种植覆土厚度以及透水层的厚度，保证屋顶绿化工程的安全。

（2）活荷载。其按现行建筑设计规范一般在活荷载上取值为$2\sim3.5kN/m^2$为比较适宜。

（3）植被荷载。不同的植被荷载取值为：地被植物$0.05kN/m^2$，1m以下低矮灌木和小丛木本植物$0.1kN/m^2$，大灌木和6m以下小乔木$0.6kN/m^2$，10m以下大乔木为$1.5kN/m^2$。

（4）种植土荷载。屋顶种植土一般为黄土与垃圾肥混合及塘泥等，荷载取值为：黄土与垃圾肥混合：$18kN/m^3$。耕种土、塘泥：$16kN/m^3$。

（5）透水层荷载。透水层通常采用卵石、碎砖、粗砂、煤渣等为材料，其荷载取值为：卵石$25kN/m^3$，碎砖$1kN/m^3$，粗砂$22kN/m^3$，煤渣$10kN/m^3$。

（四）植物物种和栽植方式的选取

植物品种的选择因栽种方式不同而不同。若直接覆土种植，当覆土厚度小于 20cm 时，不适宜栽种大灌木、乔木等。因植物品种的选择受局限，可以采取盆种植方式。

对于大面积屋顶覆土绿化，由于覆土厚度浅及屋顶负荷有限，加之屋顶日照足、风力大、湿度小、水分散发快等特殊的地理环境，要求植物需具备阳性、浅根系、耐旱以及抗风能力强等特点，体量也不能太大。

严格讲，覆土后的屋顶不可以大量聚集人群，因而不宜种植可践踏的地毯式草皮和无障碍式植物。对于速生类植物亦要定期进行修剪，控制其体量，否则也会引起屋顶超负荷，产生安全隐患。屋顶种植土需具有较好的泌水性、黏聚性和肥沃性，密实度、容重不宜太大。普通黏性土、砂质土不宜直接作为覆盖土，应掺和 10％～35％的有机质如锯末、椰糠、花生壳、蛭石等，对植物生长和减轻屋顶负荷都十分有利。

（五）屋顶防渗

由于土壤在吸水饱和后会自然形成一层憎水膜，可起到滞阻水的作用，从而对防水有利。并且覆盖层的防晒降温作用可避免刚性防水层干缩开裂、减缓柔性防水层和涂膜防水层老化、缓解层面震动影响，有利于延长寿命。

为防止浇灌植物水肥的酸碱性对层面防水层产生的腐蚀作用，应在原防水层上加抹一层厚 1.5～2.0cm 的火山灰硅酸盐水泥砂浆后再覆土种植。

（六）旧屋面改造作屋顶花园

（1）旧屋顶是平顶，在旧防水层上铺筑现浇钢筋混凝土板，厚度及配筋以计算确定，然后作种植构造。

（2）旧屋面为坡屋面，改为平屋面。拆除屋面瓦和屋架。浇筑现浇钢筋混凝土屋面板，然后作种植构造。

（七）屋顶绿化雨水利用的作用

1. 热降温效果显著

屋顶绿化雨水利用，可直接降低房屋顶层的温度，做到冬暖夏凉，试验表明盛夏时当房屋顶层的地表温度为 60℃时，加厚型无土草坪底下的温度仅为 27℃。另外，"屋顶花园"能延长屋顶防水层的寿命，并能缓解热岛效应。

2. 改进空气质量

由于草坪同其他绿色植物一样，能吸收二氧化碳、吸收二氧化硫、吸尘、吸收污染物、吸水、排放氧气，故屋顶绿化，能净化空气，有效改进小区空气质量。

3. 延长屋顶寿命

屋顶花园对于建筑物来说相当于一个绝缘层，它不仅可以吸收紫外线，还可以减轻高温高湿或低温严寒、大风、暴雨、冰雹等自然灾害对屋顶的侵害，从而延长屋顶的使用寿命。

4. 减少噪音

屋顶花园的草坪和地面上的植物一样，都能降低汽车、机械以及飞机等产生的噪音。

5. 具有美学观赏性

光秃秃的屋顶与绿茵茵的屋顶相比给人的感觉肯定是截然不同的，绿化雨水利用工程具有美学观赏性。

<h1 style="text-align:center">思　考　题</h1>

1. 雨水渗透方式有哪些？
2. 描述透水地面构造组成。
3. 简述雨水渗透设施的特点。
4. 简述屋顶绿化雨水利用的作用。
5. 描述屋顶绿化的构造层次。

第九章 硬化地面与道路雨水利用

第一节 硬化地面雨水利用

城市住宅小区、园区内的硬化地面主要是指广场、非机动车道路、园路等。这些硬化地面雨水的水质较路面水质好，硬化地面径流的浊度和悬浮物仍较高，在收集利用时应对初期径流弃除，并对悬浮物质进行沉淀过滤处理。

硬化地面雨水径流初期污染物浓度较高，随着降雨历时的延长，主要污染物指标逐渐下降，趋势是降雨初期污染物的浓度高而后期变小，原因是残留于地表污染物量随着地表径流的冲刷而逐渐减少。

一、硬化地面集雨利用的工艺流程

（1）考虑硬化地面初期雨水（4～6mm）水质差，污染较重，应先除去初期径流，再经过拦截、沉淀、过滤后才可收集利用，如图9-1所示。

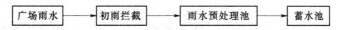

图9-1 硬化地面初期雨水收集工艺流程

（2）园路采用透水铺装路面时，可在路下铺渗沟渗管集雨，直接存蓄利用，如图9-2所示。

图9-2 渗沟渗管集雨工艺流程

二、硬化地面集雨设施

在硬化地面雨水径流中通常有许多大颗粒杂物和油污，使用滤栅除去径流中的树叶、纸张、塑料废弃物及其他大颗粒杂物。经格栅与筛网去除悬浮物后的雨水进入初雨弃流池，弃流初雨后的雨水进入雨水预处理池，预处理后的雨水存蓄利用。

（一）筛网与格栅

筛网与格栅安装要求：

（1）格栅应布置在存雨收集进口处，拦截树叶、纸张、塑料废弃物等较大悬浮物。

（2）筛网应稍高于水面，不应浸没在水中，进一步拦截较细的悬浮物。

（3）要定期检查网笼，避免赃物和树叶进入，导致杂物堆积，不便清理。

（二）初雨拦截弃流池

硬化地面初期雨水径流量控制在 4～6mm，视地面状况选择大值或小值。硬化地面初期径流污染控制可有效地减轻雨水径流带来的城市面源污染与后续处理难度。由于初期雨水污染程度高，处理难度大，因此对初期雨水的控制主要采用弃流处理。初期雨水弃流可去除径流中大部分污染物，包括细小的或溶解性污染物。

如图 9-3 为硬化地面初期雨水弃流池，弃流池按容积法设计，弃流容积根据雨水口控制面积和初雨弃流量值大小确定，详见本书第六章第三节内容。硬化地面初期雨水弃流池也可以设计成电磁阀自动切换式的初雨池。

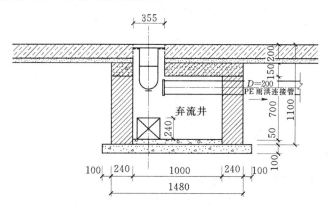

图 9-3　初期雨水弃流池

（三）雨水预处理池

对于弃流后的地面雨水还要沉淀、过滤等进一步净化处理，沉淀、过滤两池合建一起称雨水预处理池，如图 9-4 所示。这样在保证水质良好的前提下，既减少了工程复杂程度，降低了造价。

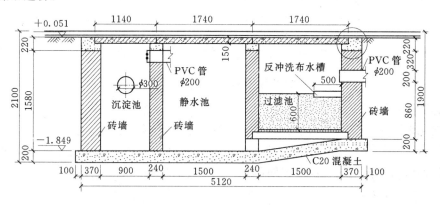

图 9-4　雨水预处理池

1. 沉淀

沉淀是解决雨水泥沙与悬浮颗粒的最适用的方法，形式宜采用平流式沉淀池，易于建造，沉淀效率较高。对于硬化地面的雨水，停留时间最小不应小于 5min，能去除 60%～80% 的污染物，沉淀后的雨水需进一步过滤处理。

2. 过滤

沉淀后的雨水中仍存在比重很小、过细颗粒，只靠沉淀很难去除干净。更有效的方法是沉淀后再进一步的过滤处理。适合雨水过滤的方法有：砂砾层简易过滤法和滤网过滤法。

砂砾层简易过滤法是指利用滤料表面的黏附作用截留悬浮固体，被截留的颗粒物分布在过滤介质内部的一种过滤方式。过滤介质主要是砂、砾石等粒状材料，截留的颗粒主要是较小的胶体类杂质。集雨预处理系统，一般预处理系统由沉淀池、静水池、过滤池三部分组成。过滤池设计要对砂砾过滤层设置反冲洗，定期去除沉积在砂砾石上的淤泥等杂物。

三、透水铺装路面渗管集雨

透水渗管集雨工程，在透水路面下铺装渗管，最大限度收集路面及坡面雨水。详见第七章渗管集雨。

第二节　道路雨水利用

路面雨水的水质常受到汽车尾气、轮胎磨损、燃油和润滑油、铁锈及路面磨损的影响而受到污染。城市路面径流的主要污染物 COD、SS、TN、TP 和部分重金属路面雨水初期浓度和加权平均浓度都比屋面的高。

降雨初期的路面雨水径流水质污染尤其严重，经过长历时的降雨后，末期路面雨水水质有所降低，但仍不能达到地表 V 类水体。路面径流的浊度和悬浮物非常高，在利用路面水时，城市道路的人行道和无机动车行驶的自行车道，应采用透水地面，并且坡向两侧的下凹式绿化带内。机动车道雨水原则上不收集利用，但雨水口应采用环保型雨水口收集排放，在排放系统中应考虑增设调控设施采用调控排放。

一、影响路面径流雨水水质的因素

不同时期、不同城市的路面，其径流雨水的水质具有明显的差异。通常取决于以下两个因素：

（1）路面污染物数量因素，如汽车的交通量、各类车辆的构成比、燃料类型、车况、路况和载货状况等。

（2）路面污染物积累的因素，包括两场降雨的时间间隔、风速、风向、大气稳定度、降雨强度、降雨历时等。

二、路面雨水径流的水质状况

道路雨水径流初期污染物浓度较高，随着降雨历时的延长，主要污染物指标逐渐下降，趋势是降雨初期污染物的浓度高而后期变小，原因是残留于地表污染物量随着地表径流的冲刷而逐渐减少。

道路雨水径流初期污染物浓度高，机动车道径流的污染更为严重。道路初期雨水 5～8mm 水质差：COD 含量 582mg/L，有的高达 1200mg/L；SS 含量 734mg/L；TN 和 TP 分别为 11.2mg/L 及 1.74mg/L。

经过长历时的降雨后，路面雨水径流水质还是较差的，污染物分析如下：

有机物含量分析：人行道径流与机动车道径流的有机污染更为严重，COD$_{Mn}$含量分别为 $2.9\sim86mg/L$ 及 $4.6\sim150mg/L$，平均值为 $20mg/L$ 及 $68mg/L$，属于超Ⅴ类水体。

营养性物质含量：人行道及机动车道路径流的 TN 分别为 $2.36mg/L$ 及 $3.09mg/L$，为超Ⅴ类水体，TP 分别为 $0.12mg/L$ 及 $0.23mg/L$。另外机动车道径流的 NH_3-N 含量也为 $1.86mg/L$，接近Ⅴ类水体。

重金属及有毒有害物质：机动车道径流中的总铜、总锌、总铅及六价铬都能达到地表水Ⅲ类标准，挥发性酚能达到地表Ⅲ类标准（初期径流除外），石油类能达到地表水Ⅳ类标准。

三、城市道路雨水利用的基本模式

1. 两侧透水人行道＋下凹式绿地＋环保型道路雨水口

该模式是将城市机动车道两侧的人行道和无机动车行驶的自行车道铺装成透水地面，并坡向两侧的下凹式绿地；机动车主干道采用环保型雨水口，将机动车道的初期雨水和较大的污染物拦截后排入下游雨水管道。

2. 两侧透水人行道＋下凹绿地＋绿地雨水口

该模式的人行道、无机动车行驶的自行车道和绿化带的做法同上，只是将雨水口做在绿地内。硬化地面的雨水排入绿地进行滞蓄和入渗，超过标准的雨水再经绿地内雨水口排入市政雨水管道。

3. 道路雨水调控排放

在城市道路雨水管道的出口处设置调蓄池和流量控制设施，使排入市政雨水管道的流量减小并控制在一定的范围内，多余的雨水滞留在管道和调蓄池内。当遇到超过设计标准降雨时再由溢流堰溢流至市政雨水管道。

四、城市道路雨水利用的设施

1. 环保型雨水口

雨水口是在雨水管渠上收集雨水的构筑物，道路等硬化地面的雨水，首先经过雨水口通过连接管进入收集系统。目前传统的雨水口不能去除初期径流，使大量的污染物流入收集系统的下游或者直接排入河道，不利于雨水的处理利用，也对水环境造成污染。

新型的具有去除初期径流的环保型雨水口，设置位置应能保证迅速有效地收集地面雨水。一般应在交叉路口、路侧边沟的一定距离处，以及没有道路缘石的低洼处设置，以防雨水漫过道路或造成道路及低洼处积水而影响交通。在道路两侧和路边低洼处，雨水口的间距还要考虑道路的纵坡和路缘石的高度。道路上雨水口间距一般为 $25\sim50m$，在低洼和易积水处，应根据需要适当增加雨水口的数量。

环保型雨水口，如图9-5所示。雨水径流由雨箅子初步拦截较大污物后进入箅子下的过滤斗，过滤斗底封闭，水从侧壁的缝隙进入雨水口内，缝隙的宽度 $5\sim$

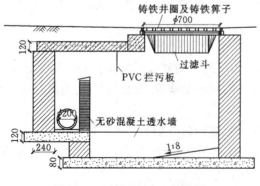

图9-5　环保型雨水口结构图

10mm。初期径流先进入雨水口的前部存储空间内，当径流量小于雨水口容积时全部截留在雨水口内，不向下游排放。储存在雨水口内的初期径流由下部的透水墙逐渐渗入周围的土壤，自然排空。当雨水口充满后，后期径流便经堰板溢流到末端的小格内，经管道排向下游。溢流板前有一个拦污板，可以将漂浮的污染物拦截。溢流板下的透水墙，还能将雨水过滤后下排。

雨水口的井筒可采用砖砌，雨水口深度一般不大于 1m，雨水口连接管最小管径为 200mm，坡度一般为 0.01，长度不宜超过 25m。

2. 沉沙式雨水井

在杂质较多的广场、道路上，为截流雨水中挟带的砂砾，可将雨水口做成带有沉泥井的雨水口，如图 9-6 所示。

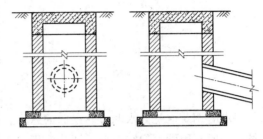

图 9-6　有沉泥井的雨水口

思 考 题

1. 描述硬化地面集雨工艺流程。

2. 绘图说明路面初雨弃流方式。

3. 路面雨水水质预处理方式有哪些？

4. 路面雨水水质特点。

第十章 雨水蓄存排放与回用管理

第一节 城市雨水蓄存

雨水的调蓄就是雨水调节和存储的总称。传统意义上的雨水调节主要目的是削减洪峰流量，一般利用管道的空隙容量调节流量是有限的。雨水蓄存的方式有景观水塘和蓄水池两种。景观水塘是在城市雨水系统设计中利用一些天然洼地和池塘作为调蓄池，将雨水径流的高峰流量暂存其内，待流量下降后，再从调蓄池中将水慢慢的排除。这样就可降低排水干管的尺寸，提高区域防洪能力，减少洪涝灾害。雨水蓄水池是为满足雨水利用的要求而设置的雨水暂存空间，待雨停后将储存的雨水净化后再使用。

一、塘洼滞蓄雨洪

塘洼滞蓄雨水是利用天然洼地或池塘滞蓄雨水的地表调蓄设施。适用于人口密度小的住宅区或郊区。其调蓄容积一般较大，费用低，占地面积大，蒸发量也较大，一般不具备防冻和减少蒸发的功能，渗漏率超过 50%。地表敞开式调蓄池体应结合景观设计和小区整体规划以及现场条件进行综合设计。可将雨水的调蓄利用与建筑、园林、水景等以独到的审美意识和技艺手法有机地结合。

市区内一般都分布有一定面积的低洼地，有些是下垫面入渗性较好的坑、塘之类的设施，而有些则是下垫面已被"水泥化"了的停车场等大型场所。在以往的排洪过程中，这些低洼地仅仅起到暂时积水的作用，当洪水减少时，就将其中的积水排泄掉，而若将低洼地作为一种向地下蓄水池或是地下水回灌的一个水源，不仅可以减轻排洪负担，而且可以补给地下水。对低洼地进行优化改造，并配以适当的引水设施，譬如对具有入渗性的低洼地可将其表面敷设土层更换成透水性较强的土层，就可以直接引渗地下，补充地下水；而对于"水泥化"的低洼地，则可以在其与地下蓄水池之间修建输水沟、渠或输水管，将水直接引入地下蓄水池。为了能使这些低洼地尽可能多地储留汛期雨水，在规划设计时应尽可能进行综合考虑，使这些场所在雨期的功用发挥到最优，而避免发生利用功能上的冲突。

二、封闭蓄水池滞蓄雨洪

（一）地下封闭式调蓄池

目前地下调蓄池一般采用钢筋混凝土或砖石结构，其优点是节省占地；便于雨水重力收集；避免阳光的直接照射，保持较低的水温和良好的水质，藻类不易生长，防止蚊蝇滋生；安全。由于该调蓄池增加了封闭设施，具有防冻、防蒸发功效，可常年蓄水，也可季节性蓄水，适应性强。可以用于地面用地紧张、对水质要求较高的场合。但施工难度大，费用较高。

设计时应根据当地建筑材料情况选用结构型式。目前常用的是钢筋混凝土地下调蓄池，国外也有用组装箱拼装式结构。

1. 蓄水池容积确定

蓄水池是整个集雨工艺的主要构筑物，是实现雨水有效收集利用的重要保证。它不仅起到雨水收集的作用，同时也起到调节排放、沉淀作用。蓄水池的设计主要涉及有效容积的合理确定。

（1）蓄水池容积按集雨面积计算。根据 5 年一遇和 2 年一遇降水标准确定蓄水池容积。考虑到运行安全性，超过 5 年一遇的雨水溢流至连接管道，最终排至小区外的市政雨水管道。选用《室外排水设计规范》（GB 50014—2006）（2014 年版），进行设计。根据汇水表面的径流系数、降雨汇水面积和设计降水量确定汇集的径流雨水量，从而确定雨水调蓄池容积。

1）未考虑调蓄情况下的汇流水量的确定。

$$V = \frac{\psi PF}{1000} \qquad (10-1)$$

式中　ψ——径流系数；

　　　P——降雨特征值，mm；

　　　F——控制集雨面积，m^2。

如何确定降雨特征值，一般多采用一场雨的设计降雨量，一场雨的概念是指一个连续的、不间断的降雨时段内的降雨量。不大于降雨特征值的雨量，该调蓄池可以全部容纳，而大于降雨特征值的雨量，只能部分容纳，多余的将溢流。实际设计时，可根据当地多年平均降雨量以及相应的场次，计算出雨水调蓄池平均每年可以灌满的次数、可收集雨水总量、建造费用等，再进行技术经济比较后加以确定。

雨水蓄水池容积确定，考虑降暴雨时溢流水量，真正能够储存的雨水大约是总集雨量的 80%，相当于从集雨面上收集总雨水量的 70%。即雨水的综合径流系数约为 0.7 左右。

2）考虑调蓄情况下的汇流水量的确定。

$$V = \frac{KPF}{1000n} \qquad (10-2)$$

式中　K——综合雨水收集利用系数，$K = \psi(1-\alpha)$，ψ 为径流系数，α 为蓄水工程蒸发渗漏损失系数，取 0.05，根据《雨水集蓄利用工程技术规范》（SL 267—2001）确定；

　　　n——调蓄次数；

　　　P——降雨特征值，mm；

　　　F——控制集雨面积，m^2。

例如，表 10-1 为屋顶的集水面积 $F = 884m^2$，不同降水量标准，不同降水特征值情况计算的汇流水量。

（2）调蓄容积的分析确定。蓄水池容积越大，溢出和排走的水量越小，雨水利用率就越高。但蓄水池容积增加 50%，雨水利用率增加很少，5%～10%，可见蓄水池不是容积越大越好。蓄水池容积，综合分析 5 年一遇和汛期降水标准与汛期调蓄情况和建池投资经济比较，确定最优的容积。雨水蓄水池容积确定，考虑回用水量分析如下。

表 10 - 1　　　　　　　　　　　屋面汇流水量计算表

项　目	降水特征值		径流系数	汇流水量/m³
北京地区 参考标准 （年降水 590mm）	5 年一遇 6h 降水量 90mm		0.9	71.6
	5 年一遇 24h 降水量 140mm		0.9	111
北京水利水电学校 29 年 降水频率分析 （年降水 563mm）	5 年一遇 24h 降水量 125mm		0.9	99.5
	6—9 月 4 个月 降水量 466mm （占全年 82%）	调蓄 2 次	0.85	175
		调蓄 3 次		117
		调蓄 4 次		87.5
北京水利水电学校 2001 年实 测降水分析（年降 水 470mm）	6—9 月 4 个月降水 365mm （占 4—11 月的 74%）	调蓄 2 次	0.85	137
		调蓄 3 次		91.4
		调蓄 4 次		68.6

当计算调蓄容积大于降雨间隔用水量时，表明一场雨的径流雨水量较降雨间隔用水量大，此时可以减小调蓄池的容积，节省投资，多余雨水可实施渗透或排放。

当计算调蓄容积小于降雨间隔时段用水量时，表明一场雨的径流雨水量仅能作为水源之一供使用，还需其他水源作为第二水源，此时雨水可以全部收集。

例如，某学校塑胶操场拟建雨水收集利用工程，占地 1hm²，径流系数 0.9，若按重现期为 0.5 的一场雨（2h）计算，$V_{计}=300m^3$。该地区雨季平均降雨间隔时间为 6 天，根据用水量分析，该地区雨水收集净化后主要用于冲洗操场和周边用地绿花浇灌用水，日均用水量 30m³，则平均降雨间隔时段内用水量为 180m³。故 $V_{蓄}=\min\{V_{用},V_{计}\}=\min\{300,180\}=180$（m³）。

2. 蓄水池结构型式

蓄水池结构型式的选择，根据集雨建池的使用要求，参考套用《矩形钢筋混凝土蓄水池》（05S804）。500m³ 蓄水池示意图如图 10 - 1 所示，其布置如图 10 - 2 所示。

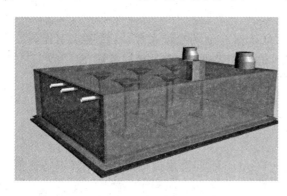

图 10 - 1　500m³ 蓄水池

（1）结构设计条件。以图集 05S804 为例。蓄水池构造尺寸长×宽×高＝12000mm×4000mm×2800mm，池顶覆土高度为 1000mm。结构设计条件：

1）池顶活荷载标准值取 2.0kN/m²，池边活荷载标准值取 5.0kN/m²。

2）土壤条件：抗浮验算池顶覆土重度取 16kN/m³；强度计算池顶覆土重度取 20kN/m³（饱和重度）；池壁侧向土压力计算，填土重度取 18kN/m³。

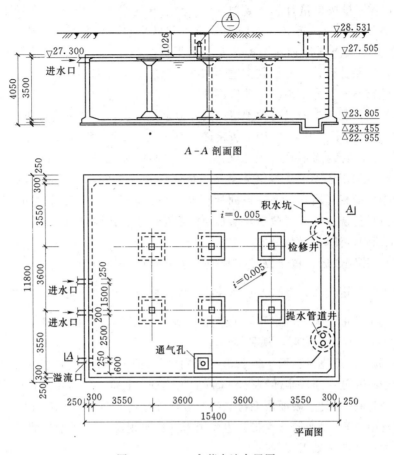

图 10-2　500m³ 蓄水池布置图

（2）材料及施工要求。水池施工、安装及验收均应遵照现行建筑施工验收规范进行，施工图如图 10-3 所示。

图 10-3　蓄水池施工图

1）水泥砂浆：①水池内壁、顶板底面和底板顶面，用 1：2 防水水泥砂浆抹面，厚 20mm；②水池外壁和其他表面用 1：2 水泥砂浆抹面，厚 15mm。

2）混凝土：蓄水池的垫层用 C10 混凝土，池体用 C25 钢筋混凝土，池体抗渗标号 S6。水灰比不应大于 0.5，骨料应选择良好的级配粗料粒径不应大于 40mm 且不超过最小

135

断面的 1/4，含泥量按重量计算不超过 1%。沙子含泥量及云母含量按重量不超过 3%。混凝土须防碱集料反应，遵守《预防混凝土工程碱集料反应技术管理规定》（京 TY-99）。①水池混凝土浇筑时必须振捣密实，不得漏振；②为了防止水池渗漏，池内壁用 1：2 防水水泥砂浆抹面，应分层紧密连续涂抹，每层的接缝需上下，左右错开，并应与混凝土的施工缝错开；③浇筑混凝土前应将铁梯，墙管等预埋件按图预先埋设牢固，防止浇筑混凝土时松动，安装附属设备的预留孔洞亦应事先留出，不得事后敲凿。

3）钢筋：直径不大于 10 时用 Ⅰ 级钢筋；直径大于 10 时用 Ⅱ 级钢筋。钢梯预埋件采用 Q235A 钢。①主钢筋混凝土保护层：底板、顶板和池壁为 25mm，其余为 20mm；②钢筋的接头可采用搭接，受拉钢筋搭接长度除图中注明外，Ⅰ 级钢 30d，Ⅱ 级钢 42d，钢筋搭接的接头应相互错开，同一截面处钢筋接头数量应不大于总数量的 25%；③钢筋遇到空洞时应尽量绕过，不得截断，如必须截断时，应与孔洞口加固环筋焊接锚固；

4）施工期间，注意做好降水。

5）水池土建完成后，覆土回填工作应沿水池四周及池顶分层均匀回填，防止超填，顶板表面覆土时要避免大力夯打。水池抹面之前先做充水试验，充水分 3 次，每次充水 $\frac{1}{3}$ 水深，每次充水结束 2 天，观察和测定渗漏情况，扣除管道的渗漏因素，24h 渗漏率应小于 0.001，根据观察到的渗漏，视具体情况修补。

6）施工缝。①后浇带：雨水回收池在纵向中间部分设一道后浇缝宽度 1000mm，钢筋不切断并配有此处主筋一半面积得数量配置加强筋，长度为 2600mm，待第二侧混凝土浇筑 28 天后将两侧混凝土表面凿毛再浇注的设计强度高一等级的混凝土（宜用加膨胀剂的补偿收缩混凝土）；②橡胶止水带：主要用于混凝土现浇时设在施工缝及变形缝内与混凝土结构成为一体的基础工程。

（3）蓄水池构造要求。

1）蓄水池进、出水管设置应满足如下要求：①防止水流短路；②进水应均匀布水。

2）检查口下方的池底设集泥坑，深度不小于 300mm，平面尺寸可参照移动式排污泵的占地尺寸设置。

3）池底找坡，坡向积水坑，池底设不小于 5% 的坡度坡向集水坑，一般采用细石混凝土找坡，否则一律采用结构找坡。当蓄水池分格时，每格都应设检查口和集泥坑。

4）蓄水池应设检查孔、通气孔，有效内径不小于 600mm。

5）提水井，蓄水池检查口附近宜设提水井。

6）穿墙管及水管吊架、套管加固、检修孔、通风孔、钢爬梯具体做法详见《圆形钢筋混凝土》（04S803）。

7）底板下做 100mm 厚 C15 素混凝土垫层，每边伸出底板边 100mm。

（4）蓄水池水位观测。为了方便观测蓄水池的储存量，在大暴雨前调整水量，使雨水得到充分的利用和及时的排除。可用水位计随时观测蓄水池的水位状况。可设浮球水位计，在蓄水池上设 $\phi300$ 观测井，$\phi110$PVC 管开孔管外包无纺布，内设有浮球，浮球随水位上下浮动，可用测尺量测水位值，适用于地下储水量较大的蓄水池。如图 10-4 所示。

也可是旁通式水位计，透明的垂直水管与接近水池底部的池壁连通，以显示水池的水位，适用于地面储水量较小的水池或水箱、水罐。

（二）地面封闭式调蓄池

地面封闭式调蓄池一般用于单体建筑屋面雨水集蓄利用系统中，常用玻璃钢、金属或塑料制作。其优点是安装简便，施工难度小；维护管理方便；但需要占地面空间，水质不易保障。该方式调蓄池一般不具备防冻功效，季节性较强。图 10-5 是一种与弃流池合建的地上封闭式调蓄池。

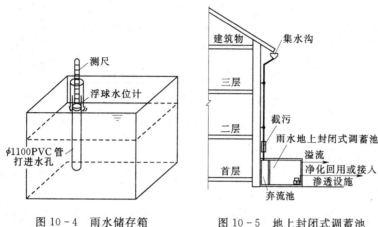

图 10-4　雨水储存箱　　　　图 10-5　地上封闭式调蓄池

三、雨洪调控排放

（一）基本原理

雨洪利用的根本目标是要减少区域向外排出的径流流量，尤其是洪峰流量，从而减少下游管道和河渠的行洪压力。因此可以采取措施使区域内的雨洪暂时滞留在区域的地下管道或蓄水池内，按照设定的下泄流量控制排放。

雨洪的调控排放是通过在雨水排放系统的下游、排出区域之前的适当位置建设调蓄池、流量控制井和溢流堰实现的，流量控制的方式有很多种。具体的调控过程如下：

（1）当管道系统收集的雨水总流量小于设定的下泄流量时，雨水自由排放。

（2）当管道系统收集的雨水总流量大于设定的下泄流量时（设定的流量可以是某一流量区间），按照设定的下泄流量排放时，此时系统产生水，蓄水池和管道系统的水位逐渐上涨，并达到最大水位。

（3）随着降雨强度的减弱和系统持续的按照设定的流量排水，系统内的水位又逐渐降低，最后全部排空。

（4）当遇到超过设计标准的降雨时，系统的水位会超过溢流堰的堰顶，溢流进入下游雨水管道。

（5）系统允许的最大水位依据系统的设计标准确定。调控排放系统的设计标准应高于外部市政管线的排水标准。一般当外部市政管线的排水标准为 1~5 年时，调控排放系统的设计标准应当在 5~10 年。

调控排放系统的滞蓄空间包括雨水管线、检查井和蓄水池。因此调控排放系统的雨水管道可以适当设计的大些，从而减少蓄水池的空间。

（二）管道调蓄

利用管道调蓄的雨水收集管道设计标准与外部市政雨水管道设计标准相同，只是在系统末端增设雨水调蓄池和流量控制设施，使排入外部市政雨水管道的流量减少并控制在一定的范围内，多余的雨水滞留在管道和调蓄池内。当遇到超过设计标准降雨时再由溢流堰溢流进入市政雨水管道。

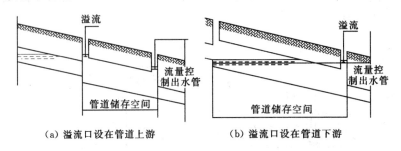

（a）溢流口设在管道上游　　　（b）溢流口设在管道下游

图 10-6　雨水管道调蓄示意图

（三）溢流排水措施

雨水储存设施必须设有溢流排水措施，溢流排水措施包括溢流堰、溢流管系等溢流设施。

（1）溢流排水措施宜采用重力溢流。当室内蓄水池的溢流口低于市政道路路面时，应设置自动提升设备排除溢流雨水。

（2）蓄水池上游的雨水收集管道上应设置超越管，并确保超越管能重力流排放到室外。

（3）雨水蓄存设施溢流的排水能力应满足如下要求：在进水管和溢流管都是重力流时，溢流管管径应比进水管管径大一级；有时溢流管可设置动力设备。溢流提升设备的排水标准应按 50 年降雨重现期 5min 降雨强度设计，并不得小于集雨面设计重现期降雨强度。

第二节　城市雨水回用

雨水利用的用途应根据区域的具体条件和项目要求而定。一般首先考虑补充地下水、涵养地表水、绿化、冲洗道路、停车场、洗车、景观用水和建筑工地等杂用水，有条件或需要时还可作为洗衣、冷却循环、冲厕和消防的补充水源。在严重缺水时也可作为饮用水水源。由于大部分地区降雨量全年分布不均，故直接利用往往不能作为唯一的水源满足要求，一般与其他水源互为备用。

一、回用雨水水质标准

雨水处理后用于各种用途时，其水质应达到《城市污水再生利用 城市杂用水水质》（GB/T 18920—2002）、《城市污水再生利用景观环境用水水质》（GB/T 18921—2002）、《地表水环境质量标准》（GB 3838—2002）等国家相关标准的要求。

二、雨水回用对水质的要求

城市雨水用途主要包括以下方面：生活杂用（如冲洗厕所、洗衣、洗车、消防用水等）、市政杂用（如绿地灌溉、构造水景观等）、地下水回灌等。不同的回用用途应满足相应的水质标准，针对雨水的特点，也有其特殊的使用要求。

冲洗厕所对雨水水质要求：对冲洗厕所的雨水水质无特殊要求，从使用价值观点看，雨水只要看上去干净，无不良气味就行。雨水中的重金属和盐类冲厕使用影响不大。

洗衣用雨水水质要求：洗衣用水应能保证良好的洗涤效果，不应在衣物上留下任何会影响外观和人体健康的物质，例如会引起皮肤过敏的物质，由于雨水有硬度水的优点，就此而言它比源自地下水地表水的城市给水系统的饮用水水质更适合衣物清洗，如此可减少洗衣时洗衣剂的用量，也可不再用织物柔软剂。但是冶金厂附近的雨水中含有铁和镁，若用于洗衣会使衣物发黄；公路附近的雨水含有有害健康的芳香烃物质污染，当这类有害物质含量高时也不适合洗衣；若雨水中落入很多鸟兽粪，会造成细菌污染，同样不能用。

灌溉用雨水水质要求：目前对观赏植物浇灌用水无特殊水质要求，对于农作物浇灌用水水质应防止芳香烃类物质及重金属物质在植物中积累，通过生物链进入人体。而雨水中营养物质含量高，用于城市绿化使用雨水应是较佳选择。

总体来说，回用于冲厕、洗衣、洗车、灌溉等市政与生活杂用的雨水应符合《生活杂用水水质标准》（CJ 25.1—89）。回用于景观用水的水质应符合《景观娱乐用水水质标准》（GB 12941—91）。回用于食用作物、蔬菜浇灌用水还应符合《农田灌溉水质标准》（GB 5084—2005）要求。雨水用于空调系统冷却水、采暖系统补水等其他用途时，其水质应达到《宾馆、饭店空调用水及冷却水水质标准》（DB131/T 143—94）。

三、雨水回用对管道的要求

雨水供水管外壁应按设计规定涂色或标识，当设有取水口时，应设专门开启工具，并有明显的"雨水"标识。

雨水供水系统的水量、水压、管道及设备的选择计算等应满足国家现行标准《建筑给水排水设计规范》（GB 50015—2009）的规定。

雨水供水系统管材可采用塑料和金属复合管、塑料给水管或其他给水管材。

第三节 雨水自然净化与养护

雨水自然净化与养护是一种投资小、施工简单、管理方便的减少雨水径流污染的有效措施，改善区域环境，达到良好景观效果，适用范围广。一般雨水自然净化措施有植被浅沟与缓冲带、雨水生物滞留系统、雨水土壤渗滤、雨水湿地技术和雨水生态塘。

一、植被浅沟与缓冲带

1. 功能与目的

植被浅沟和植被缓冲过滤带既是一种雨水截污措施，也是一种自然净化措施。当径流通过植被时，污染物由于过滤、渗透及生物降解作用被去除，植被同时也降低了雨水流速，使颗粒物得到沉淀，达到雨水径流水质控制的目的。

2. 植被浅沟和缓冲带的特点

（1）可以有效地减少悬浮固体颗粒和有机污染物，植被浅沟的 SS 去除率可以达到80％以上，对部分金属离子和油类物质也有一定的去除能力。

（2）植被能减小雨水流速，保护土壤在大暴雨时不被冲刷，减少水土流失。

（3）可作为雨水后续处理的预处理措施，可以与其他雨水径流污染控制措施联合使用。

（4）建造费用较低，自然美观。

（5）具有雨水径流的汇集排放与净化相结合的功能，并具有绿化景观功能。

3. 植被浅沟与缓冲带的设计

植被浅沟和植被缓冲带对污染物的去除效果主要取决于雨水在浅沟或过滤带内的停留时间、土质、淹没水深、植物类型与生长情况等。其设计要素包括：浅沟和过滤带的断面尺寸（宽度、边坡等）、长度、纵坡、水深、流速、植被的选择和种植等。设计原则是尽量满足最大的水力停留时间及最佳的处理效果。水力停留时间取决于径流量、流速及雨水径流的距离，而流速则与汇水面积、断面尺寸、坡度及植被摩擦阻力有关。

（1）应用位置的选择。植被浅沟和过滤带较适用于居民区、公园、商业或厂区、湖滨带，也可以设于城市道路两侧、地块边界或不透水铺装地面周边，与场地排水系统、街道排水系统构成一个整体。植被浅沟还可部分或全部替代雨水管系（较小的汇水流域），同时满足雨水输送和雨水净化的要求，如图 10 - 7 所示。

（2）断面型式和设计参数。植被浅沟断面型式多采用梯形或抛物线形，如图 10 - 8 所示。计算可以参照雨水明渠流的相关原理与公式。

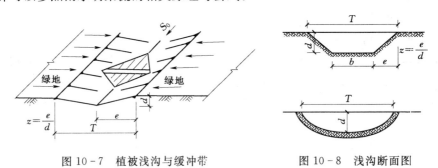

图 10 - 7　植被浅沟与缓冲带　　　　图 10 - 8　浅沟断面图

二、生物滞留系统

生物滞留设施类似于植被浅沟和缓冲带，是在地势较低的区域种植植物，通过植物截留、土壤过滤滞留处理小流量径流雨水，并可对处理后雨水加以收集利用的措施。适用于汇水面积小于 $1hm^2$ 的区域，为保证对径流雨水污染物的处理效果，系统的有效面积一般为该汇水区域的不透水面积 5%～10%。

1. 生物滞留系统构成

生物滞留系统是由表面雨水滞留层、种植土壤覆盖层、植被及种植土层、砂滤层和雨水收集等部分组成，如图 10 - 9 所示。

（1）表面雨水滞留层。在系统表面留有一定低于周边地表标高的空间，用以收集径流雨水以及当径流量大时暂时储存雨水。

（2）种植土壤覆盖层。在种植土表层铺树叶、树皮等覆盖物，防止雨水径流对表面土层的直接冲刷，减少水土流失。还可以使植物根部保持潮湿，为生物生长和分解有机物提供媒介，并过滤污染物。

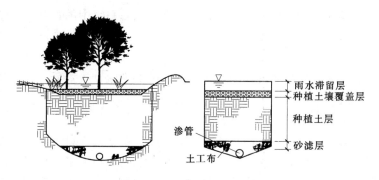

图 10-9 生物滞留系统断面示意图

（3）植被及种植土层。该层结构用于过滤径流雨水，种植土层可用 50% 的砂性土和 50% 的粒径约 2.5mm 左右的炉渣组成。植物选择上需要注意的是应选择当地的常见树木、灌木以及草本植物，品种最好保持在三种以上。

（4）砂滤层。在砂滤层和种植土层间添加 $200g/m^2$ 土工布用于防止土层被侵蚀进入砂滤层堵塞渗管。渗管开孔率不小于 2%，砂滤层采用黄豆大小的滤料。

2. 生物滞留的优点

（1）通过植物截流和土壤过滤处理径流雨水，有效去除雨水中的小颗粒固体悬浮物、微量的金属离子、营养物质、细菌及有机物。

（2）控制径流量，保护下游管道及各构筑物。

（3）合理的设计加上妥善的维护，能够改善小区环境，达到良好的景观效果。

三、雨水土壤渗滤技术

人工土壤-植被渗滤处理系统是通过土壤、植物、微生物等净化作用，改善天然土壤生态系统中的有机环境条件和生物活性，强化人工土壤生态系统的功能，提高处理的能力和效果，把雨水收集、净化、回用三者结合起来，构成一个雨水处理与绿化、景观相结合的生态系统，是一种低投资、节能、运行管理简单、适应性广的雨水处理技术。人工土壤-植被渗滤处理系统可用于雨水集蓄回用，雨水回灌地下，雨水塘的水质保障措施或其他净化技术的预处理措施，适用于城市住宅小区、公园、学校、水体周边等。图 10-10 为土壤滤池和清水池合建的布置图。

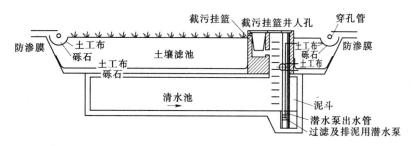

图 10-10 土壤滤池与清水池合建布置图

四、雨水湿地技术

城市雨水湿地大多为人工湿地，它是一种通过模拟天然湿地的结构和功能，人为建造和控制管理的与沼泽地类似的地表水体。它利用自然生态系统中的物理、化学和生物的多重作用来实现对雨水净化作用。根据规模和设计，湿地还可兼有削减洪峰流量、调蓄利用雨水径流和改善景观的作用。

雨水人工湿地作为一种高效的控制地表径流污染的措施，投资低，处理效果好，操作管理简单，维护和运行费用低，是一种生态化的处理设施，具有丰富的生物种群和很好的生态效益。

雨水湿地建造地点一般位于集中汇流处，适合建在城郊或人口密度低的地区，小型湿地适合建在道路附近或占地面积大而建筑密度较小的公园或住宅区。根据不同的目的、内容、建造方法和地点等，雨水人工湿地可分为不同的类型。按雨水在湿地床中流动方式的不同一般可分为表流湿地和潜流湿地两类。

五、雨水生态塘

雨水生态塘是指能调蓄雨水并具有生态净化功能的天然或人工水塘。雨水生态塘按常态下有无水可分为三类：干塘、延时滞留塘和湿塘。

干塘通常在无暴雨时是干的，用来临时调蓄雨水径流，以对洪峰流量进行控制，并兼有水处理功能；延时滞留塘时干时湿，提供雨水暂时调蓄功能，雨后缓慢地排泄储存的雨水；湿塘是一种标准的永久性水池，塘内常有水。湿塘可以单独用于水质控制，也可以和延时塘联合使用。

雨水生态塘的主要目的有水质处理、削减洪峰与调蓄雨水、减轻对下游的侵蚀。在住宅小区或公园，雨水生态塘通常设计为湿塘，兼有储存、净化与回用雨水的目的，并按照设计标准排放暴雨。设计良好的湿塘也是一种很好的水景观，适合大量动植物的繁殖生长，改善城市和小区环境。

思　考　题

1. 雨水存蓄设施容积如何计算确定？考虑哪些因素？
2. 画图说明雨水调蓄池构造组成。
3. 雨水自然净化与养护方法有哪些？

第十一章 雨水利用工程实例

实例一 北京教学植物园雨水利用系统

一、基本资料

北京教学植物园位于宣武区，园区内有木本植物生态区、水生植物生态区，园区是全国唯一一所以中小学为对象，开展科普教学的专类植物园，是"全国科普教育基地""北京科普教育基地""北京生态道德教育基地"，还是北京农业职业技术学院示范基地。园区外路面面积5100m²，路面为混凝土硬化路，教学植物园所处地理位置较低，每到汛期，遇降雨强度大或降雨量较大时，路面排水不畅，园区西门门口常有很深积水。

二、集雨利用的意义

建设雨水收集利用系统，展示雨水利用的科普知识与水文化，促进教学植物园建设与发展。收集降雨后园区道路积水，存蓄、处理回用于园区植物灌溉、水生植物池补水；采用透水性路面铺装下设集雨渗管集雨并入渗。

三、技术方案

拦截园区外路面雨水集蓄利用，园区内透水铺装路面下铺渗管集雨。工程内容有：路面透水铺装、广场透水铺装、路面集雨卵石沟、路面集雨渗管、雨水预处理池、雨水集蓄清水池、喷灌系统预留。收集雨水回用于园区灌溉，预留节灌接口。集雨工程布置图如图11-1所示。

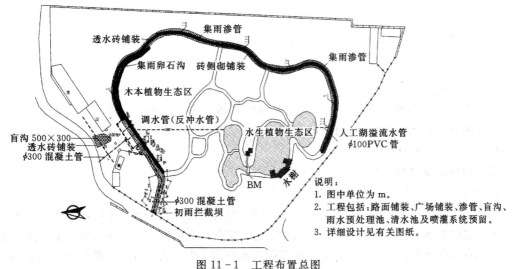

图 11-1　工程布置总图

1. 拦截园区外路面雨水集蓄利用

拦截园区外路面雨水集蓄利用步骤如下：路面雨水→初雨拦截坝→雨水集雨收集口→雨水预处理池→蓄水池。

2. 园区内透水铺装路面渗管集雨

透水渗管集雨工程，在透水路面下铺装渗管，最大限度收集路面及坡面雨水。集雨卵石沟在路一侧设 30cm 宽集雨卵石沟，雨水流经卵石沟后，水质得到净化。其步骤如下：路面雨水→集雨渗管（集雨卵石沟）→蓄水池。

3. 雨水存蓄设施——蓄水池

综合分析，区外道路汇集雨水、园内透水路下渗管集雨，考虑蓄水池汛期随用累蓄，最终确定蓄水池总容积 500m³。

四、水质净化保质特点

1. 淀滤池

考虑初期路面雨水水质差，污染较重，需经过拦截、沉淀、过滤后才可收集利用。在储水池前设置淀滤池（图 11-2），由沉淀池、过滤池、静水池三部分组成。

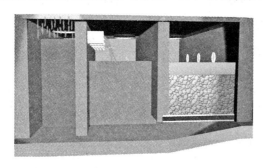

图 11-2 淀滤池结构图

沉淀池：靠重力沉降作用去除雨水中各种不同粒径颗粒，雨水从集雨面或雨算子上带来的砂砾，还有小石子等各种杂物。

过滤池：与雨水一起流进雨水储存池的泥沙和灰尘比重很小，颗粒很细，采用砂砾做进一步的过滤处理，砂砾过滤层设置反冲洗，定期去除沉积在砂砾石上的淤泥等杂物。

静水池：经沉淀过滤处理的雨水由静水池提升到下一个雨水储存设施。

2. 雨水与景观水池联合调度

雨水与景观水联合调度，增加可收集雨水量，同时蓄水池水经景观水池曝气循环后可保证水质。

实例二 龙泉务截蓄雨水综合利用农业生态园

一、基本资料

龙泉务科技示范园位于北京市门头沟龙泉镇北部，两面环水，一面环山，紧临 109 国道，交通便利。基地已建成 10 栋现代化日光温室，已建成冷库 200m²，蔬菜仓库 140m²，培训教室，办公用房等。

二、雨水收集利用

1. 截蓄雨水工程

针对降水量年内和年际间分布不均，规划建设综合考虑小雨拦蓄不出境，大雨调蓄多利用。小区规划道路、建筑时充分考虑雨水的收集、储存、利用以及渗流补给地下水，使山水秀美，生态系统步入良性循环。龙泉务生态园雨水利用工程平面布置图如图 11-3 所示。

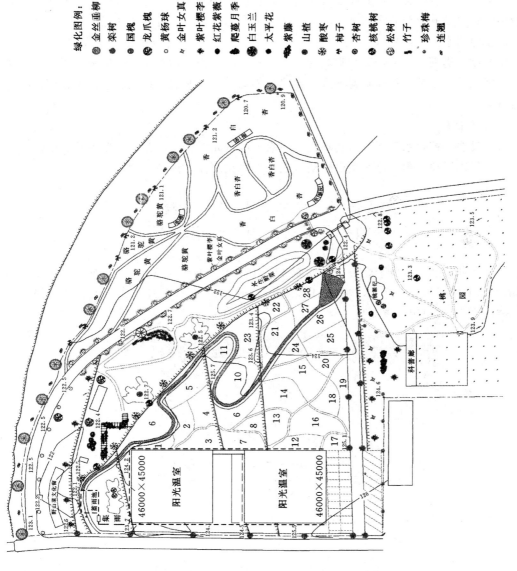

图 11-3　龙泉务生态园雨水利用工程平面布置图

绿化图例：

金丝垂柳　栾树　国槐　龙爪槐　黄杨球　金叶女贞　紫叶樱李　红花紫薇　爬蔓月季　白玉兰　太平花　紫藤　山楂　酸枣　柿子　杏树　核桃树　松树　珍珠梅　连翘

野山菜配植：
1—玉竹；
2—薅萝；
3—红苋菜；
4—绿苋菜；
5—马兰；
6—苣麦；
7—车前；
8—紫背天葵；
9—蒲公英；
10—紫苏；
11—苦菜；
12—小根蒜；
13—红苋菜；
14—青蓝菜；
15—枸杞；
16—枸杞；
17—苦菜；
18—青蓝菜；
19—芥菜；
20—薄荷；
21—薄荷；
22—红兰七；
23—藤三七；
24—二月兰；
25—蒲公英；
26—薄荷；
27—百合；
28—牛蒡

坡面：在山谷坡面交汇处建截雨调蓄池，截蓄坡面雨水。

道路：规划区内新建道路选用渗水型路面，并在渗水路转弯处建截雨池拦蓄路面雨水。

引渠：在山谷引渠交汇处建截雨调蓄池，在不影响其输水功能的基础上，发挥其拦截上游雨水，多处截雨池联合调度之功效，集引渠输水、集雨、游水三功能合一，达到"渠旁步路游山嬉水"的效果。

建筑物及周围广场：一为收集利用，在建筑物附近修建蓄水池，收集雨水用于浇花灌草、冲厕保洁；二为入渗回补地下水，在建筑物周围建下凹式草地、嵌草铺装路面，减少径流流失。

2. 雨水回用

（1）设施自控雨水节灌：新建现代化高效节能日光温室中配置雨水自控灌溉设备。

（2）景观湿地工程：建水生山野菜湿地，可净化水体、保护环境。

实例三　北京水利水电学校
校园多种形式的雨水收集利用

北京水利水电学校位于朝阳区，如图 11-4 所示，有师生 2200 人。校园占地面积 4 万 m²，其中屋顶面积 1 万 m²，操场面积 1.1 万 m²。2004 年 9 月建成雨水利用工程，是"中德"合作雨洪利用示范项目。

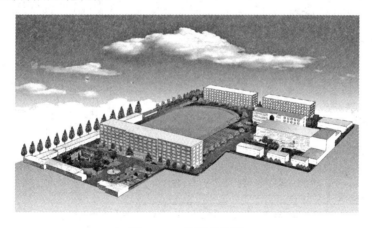

图 11-4　校园总貌图

（1）屋顶集雨。屋面雨水经初期雨水弃流，通过输水管道送至蓄水池储藏、调节、沉淀，用作景观、冲厕、保洁、洗车、浇花灌草等用水，如图 11-5 所示。

（2）操场集雨。足球场采用渗水结构，收集雨水经砂砾滤层过滤，进入集雨暗管，如图 11-6 所示。2005 年 8 月 2 日，6.5h 降雨 115mm，操场没有积水。跑道采用环沟收集雨水。

（3）多形式雨水渗透。校园内采用下凹式渗水草坪、车行渗水性路、人行渗水性路、嵌草砖铺装和毛石嵌草铺装等多种雨水渗透设施，让雨水回渗地下。

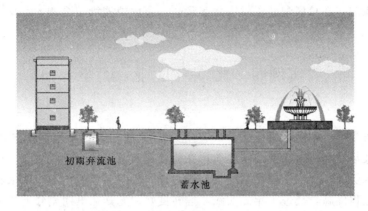

图 11-5　屋顶集雨工艺图

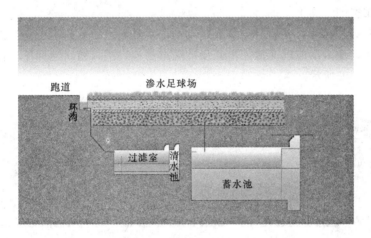

图 11-6　操场集雨工艺图

（4）辐射井集雨回补地下水。辐射井具有回补、提取的双向功能。夏季利用辐射井将过滤后的屋面雨水回补地下水，春秋季还可提水浇灌绿地，如图 11-7 所示。

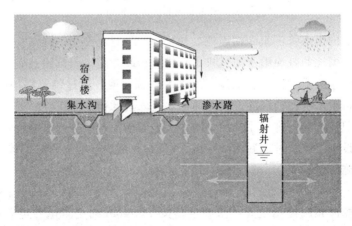

图 11-7　辐射井集雨工艺图

（5）雨水景观。在校区前建景观曝气工程，与蓄雨池连管用泵调水，循环曝气来净化雨质。

实 例 四　北 京 工 业 大 学

一、概况

北京工业大学位于朝阳区平乐园，2006 年 9 月完成建设了雨水利用工程，收集校园内屋面、广场及运动场、道路等雨水经简单净化处理回用于校园草坪灌溉。校园雨水利用工程具有节约水资源、缓解校园用水短缺、改善校园生态环境的作用。雨水利用工程建设规模大，自动化程度高，经过 1 年的实践，运转良好，尤其在汛期充分发挥了工程的集蓄雨水及防洪减灾的功效。

二、集雨工艺

校园雨水收集工艺为：屋面、广场及运动场雨水经雨水传输管道汇集，进入初雨自控池弃除初期雨水，流入绕流沉淀池，再经反冲洗过滤池，进入蓄水池回用。雨水收集利用工艺流程如图 11-8 所示。

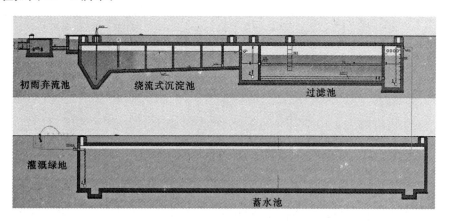

图 11-8　雨水收集利用工艺流程图

雨水通过各处的雨水管汇集到初雨池，初雨池内设置电磁阀，降雨初期电磁阀处于打开状态，将流入初雨池的脏浊雨水通过排水管排入市政管道。当雨量达到设定值时，初雨池电磁阀关闭，清净的雨水流入沉淀池。雨水进入沉淀池，通过绕流隔墙降低水流流速，延长沉淀时间，将雨水中泥沙沉淀。沉淀后的水进入过滤前池，沉淀后的泥沙通过反冲洗时底板坡度排入积沙坑，由排污泵排出。雨水由过滤前池整流进入砂滤池过滤，过滤材料为集配砂砾上铺设土工布。过滤后的雨水由 PVC 穿孔透水管汇集到过滤清水池。

三、工艺设施

1. 控制室

采用初期自控池弃流控制装置，由雨量器按 5～8mm 初雨量电控电磁阀关闭。在降雨过程中不需人工控制操作，自动化程度高；弃除初雨量把握准确，充分有效利用雨水；减少建造弃流池的工程量，工程投资少；地面上的弃流控制装置，维护操作方便。

2.沉淀池

沉淀是解决雨水泥沙与悬浮物的最适用的方法。形式采用绕流式沉淀池,易于建造,同时底板找坡,隔墙下设反冲洗水口,便于沉淀池定期反冲洗,运行维护方便,沉淀效率高。沉淀池构造如图 11-9 所示。

3.过滤池

采用反冲洗砂砾料滤池,砾料下设 $\phi200$ 开缝的波纹塑料管收集经砾料过滤的水。清水室来水量小,水位低时,可自流进入蓄水池,减少动力消耗;当来水量大,水位高时,开启水泵,雨水经提水管进入蓄水池。

4.蓄水池及雨水回用

建 6000m³ 地下蓄水池,经过供需平衡计算,校园草坪绿化年灌溉需水量为 3000～5000m³。屋顶的年汇流量为 3000～4000m³,道路年汇流量为

图 11-9 沉淀池构造图

800～1500m³,广场及运动场年汇水量为 2500～4000m³。校园收集屋顶、道路、广场及运动场降雨回用于校园草坪灌溉能够满足需水量要求,并略有剩余可用于夏季的路面保洁等用水。

实例五 北京玉渊潭中学

一、基本资料

玉渊潭中学位于海淀区,学校毗邻长安街,位于海淀、西城、丰台区交界处,北望雄伟的中华世纪坛和军事博物馆,南与北京西站遥相呼应。占地面积约 2 万 m²,其中绿地面积 0.5 万 m²,屋顶面积 0.6 万 m²,操场面积 0.2 万 m²,道路面积 0.7 万 m²。玉渊潭中学雨水利用示意图如图 11-10 所示。

二、工艺流程

建设校园雨水利用工程,收集屋顶雨水,弃除初雨、净化处理、存储回用于校园景观用水和草坪灌溉。充分有效的回用雨水,不仅可以节约水资源,缓解校园用水短缺,还可减少校园雨水外排。借此开展节水宣传教育,提高学生的节水和雨水资源化意识。

1.屋顶雨水收集利用

降落到教学楼屋顶的雨水,经雨落管传输到地面集流口,地面集流口兼具溢流超标准降雨作用。雨水由地面集流口再传输至初雨弃流池、进入静水沉淀、再经上翻过滤池,过滤后的雨水进入蓄水池。蓄水池具有储存调蓄雨水的功用。积蓄雨水回用于喷泉景观和教学楼周围草坪灌溉。工艺如下:屋顶雨水→雨落管→集雨管道→弃初雨→淀滤池→地下蓄水池→回用景观→灌溉绿地。

2.集雨尊收集屋顶雨水

在雨落管下建集雨尊,收集单支雨落管的雨水,回用于周边草坪灌溉。此种集雨方式,工程投入少,避免了地面开挖,回用方便,并可起到景观示范作用。工艺如下:屋顶雨水→雨落管→弃初雨→集雨尊→灌溉草坪。

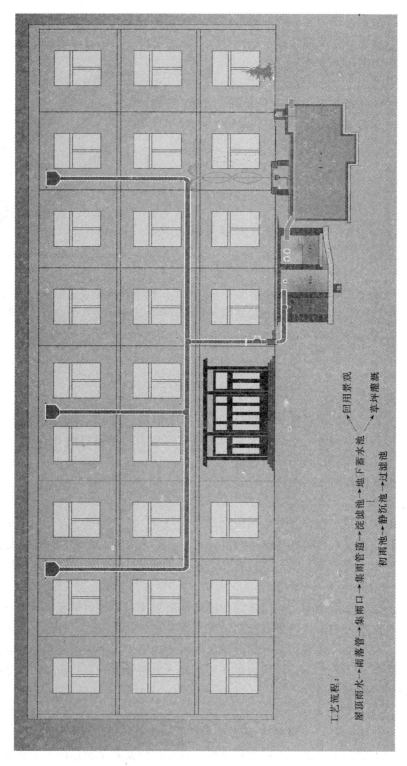

工艺流程：

屋顶雨水→雨落管→集雨口→集雨管道→淀滤池→地下蓄水池———→回用景观
　　　　　　　　　　　　　　　　　　　　　　　　　　　　　　　　→草坪灌溉

　　　　　　　　　　　　　　　初雨池→静沉池→过滤池

图 11-10　玉渊潭中学雨水利用示意图

参 考 文 献

［1］ 中华人民共和国水法 . 2002.
［2］ GB/T 50596—2010 雨水集蓄利用工程技术规范 .
［3］ GB 50014—2006 室外排水设计规范 .
［4］ GB 50015—2003 建筑给水排水设计规范（2009 年版）.
［5］ 中国建筑标准设计院 . 国家建筑标准设计图集（05S804）. 北京：中国计划出版社，2007.
［6］ 李世华 . 市政工程施工图集 . 北京：中国建筑工业出版社，2001.
［7］ 中国建筑设计研究院 . 建筑给水排水设计手册 . 北京：中国建筑工业出版社，2008.
［8］ 水利部 农村水利司 . 雨水集蓄工程技术 . 北京：中国水利水电出版社，1999.
［9］ 水利部 农村水利司 . 雨水集蓄利用技术与实践 . 北京：中国水利水电出版社，2001.
［10］ 车伍，李俊奇 . 城市雨水利用技术与管理 . 北京：中国建筑工业出版社，2006.
［11］ 水利部 农村水利司 . 农村集雨工程简明读本 . 北京：中国水利水电出版社，2001.
［12］ 吴普特，冯浩 . 中国雨水利用 . 郑州：黄河水利出版社，2009.
［13］ GB 50400—2006 建筑与小区雨水利用工程技术规范 .
［14］ 张智 . 城镇防洪与雨洪利用 . 北京：中国建筑工业出版社，2009.
［15］ 周玉文，赵树旗 . 发展中国家城市雨洪管理 . 北京：中国建筑工业出版社，2007.
［16］ 潘安君 . 城市雨水综合利用技术研究与应用 . 北京：中国水利水电出版社，2010.